NF文庫
ノンフィクション

日本陸軍の知られざる兵器

兵士たちを陰で支えた異色の秘密兵器

高橋 昇

潮書房光人社

日本陸軍の知られざる兵器——目次

日本陸軍の知られざる兵器

――兵士たちを陰で支えた異色の秘密兵器

機械化工兵器材

●ソ満国境の堅固なトーチカを破壊、突破する秘密兵器

対ソ戦想定の新兵器

戦車第一、第二、第三師団に属して「装甲作業機」を数十両備え、あたかも工兵戦車部隊の様相を持った陣地攻撃専門の部隊として活躍した独立工兵第五連隊があった。

この部隊は、満州、ソ連の東部国境にある特火点陣地突破の専門部隊として創設された特攻的任務を持った工兵戦車部隊で、㋖部隊と呼称し、特殊な装置を備えた装甲作業機を配備していた。

第一次世界大戦以後、戦場での火器、火砲の威力はいちじるしく発達し、陣地防御設備も各国は西部戦線の戦訓を生かして進展しているのに対し、我が国の工兵設備は従来とそう変化はなかった。

しかし、昭和期に入って北方での対ソ戦闘を意識するようになり、重点研究として特火点

（トーチカ）陣地の突破と国境付近に横たわる大河の渡河が取り上げられた。

当時のソ満国境付近のトーチカ構造は鉄筋コンクリート製のドーム型で、ドーム下面に機関銃の銃眼を設け、その前方は広く射界をとり、防御陣地としては強固で、とても火砲や銃弾でこれを破壊することは不可能であった。

このような前進をはばむトーチカや障害物を排除する必要から、新工兵機材として陸軍の戦車機動に追随し、敵前の作業任務を行なう特殊作業車両の開発が必要とされた。「特火点を中核とする堅固な縦深陣地の強襲突破」で将来の対ソ戦を予想し、自然障害および人工障害物の排除、破壊を目的として、各種の戦場作業装置を備えた自走装甲車両が開発されることになる。

工兵による破壊筒の訓練

設計当初は一車両で架橋、掘削、爆薬運搬と投下、ガス消毒、地雷投下と除去などであって、七つ道具を備えた型式となっていたが、これは次第に目的によって単純化されるようになる。

装甲作業機の武装は機関銃や砲を搭載せず、防御用として火炎放射器を備えていた。

●装甲作業機甲型

昭和六年、最初の装甲作業機甲型が完成した。この作業機は万能型で付属の器材を交換、設置することによって各種の作業を実施できるよう計画され、後には超壕能力まで加味されて、その重点目標はやや不明確なものとなったことも確かである。

この甲型の車体は砲兵の牽引車によく似た型式だが、前方に突破破壊用衝角がつき、後方に塹壕掘削用鋤を、また鉄条網を引っかける錨を装備した。これで敵の鉄条網を引っかけ、引っ張って破壊しようというのである。

また鋤の部分を外して代わりにタンクを取りつけ、ガス消毒液を入れたり、火炎放射用の油槽として使用した。

車体後方両側には、対戦車地雷投下口があり、さらに車体中央には半円形の車長展望塔が設置されていたが、これをはずして五〇〇キロの揚重ジブクレーンを取りつけることも可能だった。

装甲作業機はいくつかのテストを行なった後、満州の公主嶺に駐屯する独立工兵第一中隊に配備された。昭和十年、熱河の綏遠紛争のため地形偵察を兼ねた出動であり、戦車隊や歩兵部隊と行動を共にした。

この出動で得た教訓は、足の速い戦車やトラックと行動ができずにまだ成果が上らず、結局足のおそいことがネックとなってしまった。

昭和十三年一月、北支出動に装甲作業器が四両参加したが、ここでも速力のおそいことが原因で他の部隊から脱落し、また故障して行動不能になるというトラブルが相ついだ。しかし、同年二月には、将来の対ソ戦を想定した吉林への大機動演習に出動した時は、装甲作業機も凍結した道路を五〇〇キロも行動し、本来の工兵作業を行ないつつ行動して多くの成果を挙げたことは、特殊工兵作業機として有用性を示し、陸軍上層部の認識を新たにすることになったのである。

●装甲作業機乙型

装甲作業機は、当初機械工兵の野戦における万能作業機として開発され、対ソ・中国戦の作戦上もっとも要望された車両であったが、実際に運用してみると万能を求めたことがかえってどの作業にも不完全になりがちだったし、満足のゆくものではなかった。

陸軍は甲型の教訓からさらに乙型、丙型、丁型、戊型と開発が続き、その間研究と演習および実践使用とを反復して改良を行ない、最終の戊型は大量生産に移されて独立工兵第五連隊の主要装備として使用された。

では装甲作業機の各型の概要を述べてみよう。

万能型としての甲型は前に述べたが、乙型は基本設計から改められ、その概観は甲型と比較してずっと単純化され、装甲板の設置方法も従来のリベットから溶接構造となった。溶接方法は九二式重装甲車の製造にもちいられてから戦車や装甲車両にはこれを取り入れるようになっていた。

(上)装甲作業機乙型。左側面と前面に火炎放射器が見られる。(下)トーチカ破壊用の爆薬を装備した装甲作業機乙型

ちょうど戦車のエンジンがガソリンからディーゼル機関に変更になるにつれ、乙型もディーゼルエンジンを搭載した。また乙型の特色として八九式中戦車によく似た尾ソリが後部に取りつけられたことである。

これは上海事変の戦訓から防御陣地や壕なども楽に通過できるよう超壕幅を増やす目的で取りつけられたもので、戦車にならって装甲作業機にも設置し、さらにこれは突角の機能も兼ね合わせもっていた。

乙型の形状は甲型とは一変し、背に鶴首のような二折式超壕装置をのせ、左前方と後部には火炎放射器を各一基ずつ取りつけており、内部に放射用のタンクが入った空気圧縮機が装備されていた。

甲型ではトーチカ爆破作業の効果があまり良いとはいえず、改良された乙型では〝T〟と呼ばれるトーチカ爆破用の特殊爆雷を車体前方の枠組に取りつけた。

この爆薬は敵の銃撃による誘爆を防止するため、防弾鋼板を溶接した六〇センチほどの箱に三〇〇キロの爆薬を内蔵して、敵のトーチカ前面に進み出て壁面に密着させて爆破するというもので、車体前部にはこの特殊爆薬を運び、着脱させるための動力ウインチを装備していた。

●装甲作業機丙型

丙型は試作一両のみ作られた車両だが、後に丁型や戊型を製作するのに大きな資料をもたらしたのである。

丙型は特に敵のトーチカ爆破を重点として作られ、これの研究と試験のための車両という面が強く、形状は乙型とほぼ同じものではないかと推測される。

もともと装甲作業機の開発とその運用は、ソ満国境の特殊陣地いわゆるトーチカ攻撃と大河の渡河を目標としており、これらは対ソ戦準備の二大重点であった。

作業機の主任務は爆薬をトーチカに密着させ、これを爆破することであり、他に作業機に付属する各機能は敵の障害物を排除して車両をトーチカに接近させる手段である。

装甲作業機による渡河訓練

爆薬を密着させた後は作業機もすぐ退避する必要があり、敵前で車の旋回を行なうのは非常に危険もともなうため、丙型では車体後部にも後ろ向きに操縦席を設置し、逆転機と流体変速機を使用し、その場から全速で退避する手段がとられていた。この退避が遅れると、トーチカ爆破と共に自らの車体も大きな被害をこうむることになる。
丙型の後部にも操縦席を設けているため、乙型のような超壕機はつかず、その流体変速機は、逆転機付きのものを採用し、逆転機の操作は油圧制御であった。
しかし各種のテストを行なった結果、流体変速機の効率とトルクがやや不足ぎみで、これを実用化するにはなお研究が必要とされ、前後に操縦席を配置したユニークな丙型作業機はこれ一両で終わり、後の開発資料となったのである。

●装甲作業機丁型

装甲作業機丁型は昭和十四年頃製作され、その生産数は二〇両ともいう。これは独立工兵第五連隊に一〇両配属され、一部は戦場に投入された。

丁型は、乙型をもとにエンジンを一二〇馬力から一四五馬力にパワーアップした車両で、車体形状は乙型によく似ている。

これにも特徴的な鶴首《かくしゅ》型架橋装置と折りたたんだ超壕機をのせ、また車体前方には地雷排除の鋤をつけていた。

前に甲型を北満の地で試験した時、懸架装置や変速機の主軸が軟弱で極寒地でのトラブルが相ついだ体験から、丁型の車体はこれらを改良し強度を増したといわれる。

目的に合わせた各種型

昭和初期、装甲作業機は工兵の機械化作業を目的として独立工兵第一中隊に配備され、実用化を目指していたが、ノモンハン事変をきっかけに本格的な機械化工兵部隊を作ることになり、いくつかの部隊改編の後、装甲作業機専門の㋖部隊いわゆる独立工兵第五連隊が発足することとなった。

この部隊表には装甲作業機は九六式となっているが、前身である独立工兵第一中隊が北支から帰還した後に配備された車両のエンジンが、ガソリンからディーゼルに変わったものだったので、乙型以降のものが九六式と総称されているようだが、他にも九四式という名称もあってはっきりとした分類はむずかしい。

これらを整理すると、装甲作業機の甲型は九三式、乙型は九四式、それ以降の戊型は九六式というような推定もされるが、いずれにしても乙型〜戊型の初期型は試作の域を出ていなかったのだから、その制式名称も出現年号と一致せず、あいまいな型式であったようだ。

しかしよく調べてみると、甲、乙、丙、丁、戊という型式のほかにいくつかの装甲作業機が試作されたようにも思われる。

●九六式装甲作業機戊型

九六式装甲作業機は独立工兵第五連隊に配備された車両で、甲型に始まり乙、丙、丁と続く戊型の最終型である。

この戊型について『九六装甲作業機取扱法』には次のように記述されている。

「九六式装甲作業機は、堅固なる陣地の攻撃において側防機能または特殊火点に対し途中の障害を排除し、自ら進路を開拓しつつ、その爆破威力により目標を制圧破壊するにもちいる。

本作業機は全装甲を施した全装軌車両にして、機関出力の相違によりこれを作業機乙、および丁に分かつ。

車体外部装甲は防弾鋼板で要度に応じて各面の厚さを異にし、車内は火炎放射に対して防熱用とし、一部石綿板を銃眼付近に張る。車体前部は扉があり、操縦席前には回転展望窓（作業機乙型のみ）と貼視孔がみえ、右の車長席前にも回転展望窓（作業機乙型のみ）があり、他に火炎放射用銃眼と機関銃銃眼を備えている。

この火炎放射用銃眼には開閉自在の小貼視孔があり、照準時はこれを開いて照準を定める。また車体後部には地雷投下口に設けていて、必要に応じ戦車地雷を投下することが可能である」

昭和十五年に独立工兵第五連隊に装備された装甲作業機の数は、九三式装甲作業機八機、九六式作業機が二七機であった。

装甲作業機をもってする特火点（トーチカ）爆破は独立工兵として最も重要な戦闘方式であった。

予想したソ連のトーチカ壁面は厚さ一メートル以上の頑強なコンクリート製で、これには従来の爆薬よりもさらに強力な、しかも被弾に対し安定度の高い爆薬が要求されたのである。

九六式装甲作業機の前面に爆薬をのせる托架と薬匡（爆薬箱）がつき、これを四本の軸で固定している。その上部には投下レバーがあり、安全装置もついていた。

爆薬は丸型と角型合わせて九コを一セットとして爆薬が動かないようしっかり固定していた。発火装置は薬匡の後面に取りつけられ、投下時には自動的にマサツにより導線に点火するようになっている。敵トーチカの破壊順序は、目標に向かって火炎放射を行ない、投下装置の安全栓を解除したのちトーチカに突棒を衝突させると、爆薬の薬匡は自動的に投下して薬匡の脚の作用で壁面に密着する。

投下後、作業機の行動はすぐ後退し、安全確保のため三〇秒以内に一〇〇メートル後退することがきめられていた。

また敵前の爆薬投下は非常に危険をともなうため、その操作方法は確実に行なわれるよう激しい訓練を実施した。

煙幕や毒ガス撒布も可能

装甲作業機の火炎放射装置は、特火点に対してその銃眼を通し内部の火炎攻撃をすることにあった。

そのため作業機に接近する敵もこれで撃滅排除する必要があり、武装として大小数コが装備されている。

発射管は甲と乙の二種類があり、口径二一ミリ、長さはホースを含めて三メートル、双発電気点火式である。甲は車体正面に装備され射手が目標を狙いやすいように配慮されていた。

乙は側面および後部に対する防御用で、共に青銅製で、車体に設置された各火炎放射機は射手の操作により、いくらか旋回俯仰が可能であった。

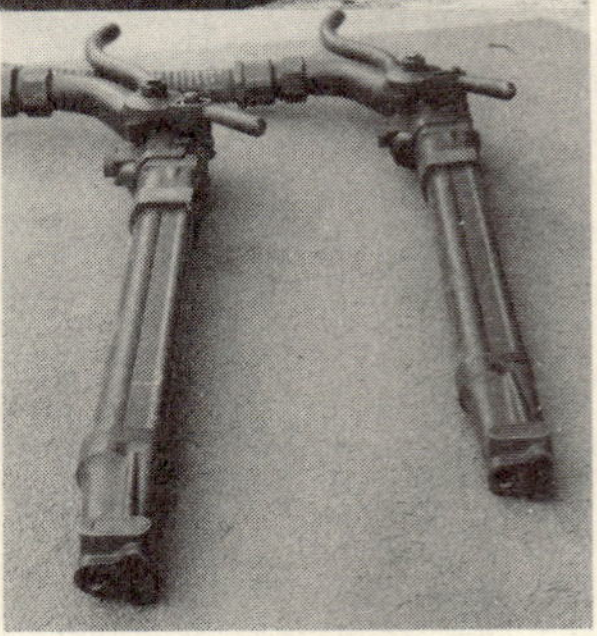

(上)九六式装甲作業機戊型
(下)火炎放射器甲

当初火炎脂発射の原動力として、逆火防止の見地から圧搾窒素を使用していたが、補給上の不便があったので、かわりに圧搾空気を採用することになった。さらに専用の発動機で駆動するタービンポンプで放射することになり、これで一層便利なものとなった。

この火炎放射装置は、わずかな改造で液状毒ガスの撒布や、あるいは発煙剤による煙幕構成なども可能となっていたが、実際にはこれらの作業には使用されていない。

装甲作業機が配属された戦車や自動車部隊にとって道路や不整地を通過するさい脅威とな

ったのは敵の設置した地雷である。このため装甲作業機には、地雷を排除できる鋤が取りつけられている。

この地雷掃機は鋤と支持腕、捲上および押上装置よりなっていて、キャタピラ下の地雷を排除できる。操作は鋤を地中二〇センチ程度に刺し、埋設地雷があったなら掘り起して左右に排除する作用をなす。

これは作業機の前進にしたがって、左側の鋤は左へ、右側の鋤は右へ地雷を排除し、車体に影響ないよう注意されていた。

車体に取りつけた支腕は排除作用を行なうさいに、鋤に加わる抵抗力を支えるものとして、時速六キロの時は約七トンの荷重がかかるため、充分な強度に作られていた。

装甲作業機が作業中旋回を行なう時は、支腕が充分に車体前面板および下斜面にある推力受けに収納しなければならず、作業中のままの旋回は鋤をこわすおそれがあった。車内から鋤を操作する場合は、操作ハンドルを回すことで支腕を若干押し上げ、その後支腕の自重によって地面に下げ、捲上装置の支腕を操作して使用姿勢となる。

またこの地雷排除動作も、捲上装置についている手動ウインチで操作し、一連の地雷排除の終了後は鋤を回転させて車体上部に上げ、後の装甲作業機の走行運用に支障ができないよう注意が必要だった。

カタパルト式射出の橋桁

敵中を進む戦車にとって一番やっかいなものは、敵の陣地前や陣地内に設置された対戦車壕と地雷地帯である。

わけても戦車の超越できない、橋をかけるか埋めるよりほか手段がない対戦車壕は前進を阻むに実に有効な策であり、戦闘中にこんな壕にぶつかれば立ち往生するしか手はない。しかし、敵前の架橋は大きな犠牲がともなうことも覚悟しなければならない。このようなことから特殊陣地突破のため、超壕橋架設の機能が装甲作業機に加味されるようになったのは、半ば必然的なものであったろう。長さ七メートルにもおよぶ超壕橋を積んだ装甲作業機が架設地点に到着し、敵前において車内からの操作で橋をかけることは、技術的にも最も困難な、また苦心した点である。

これは当初、甲型が開発された頃からの問題であり、まず二折鶴首《にせつかくしゅ》式の橋に始まり、試験と研究を重ねた末、最後には橋桁を車体上に水平に搭載したものをカタパルト式に射出する方法で成功した。九六式装甲作業機では、二折鶴首式を取っており、橋を展張したままの方式とは異なるが、ここでは鶴首式の架設を説明しよう。

装甲作業機の鶴首は、車体上部に設置され、先端は約五二センチ伸縮できる。先端にある二組の滑車を利用して橋を支えて二折を伸ばし、架設や撤収時に重要な導輪として活用する。

また橋は軽量・強靭に作られており、橋自体は中央より二折となって、折り畳み可能なように蝶番を使って連結している。

車体上にのせた状態では、橋は正しく軌道輪上におかれ、前方は二コの連結桿で車体金具につながれ、後方は一本の緊定索で車内に固定されている。

(上)二折架橋で渡河準備を行なう装甲作業機とウインチを使って鶴首を降ろした架橋訓練

鶴首の伸縮装置は、通常水平地架設を基準としており、この場合鶴首は最も短縮した位置にあり、その場合は車内から手動で行なう。

伸縮は手動ハンドルで伝えた回転を自由接手を経て一組の歯車に伝え、チェーンで鶴首の先端に取りつけた装置に伝動して伸縮させる。こうして二折式に搭載されていた戦車橋が、鶴首の巻き上げ操作によって直立してゆく。

いったん直立させせた後、橋の先端

を前方に倒しながら橋を展開して接地させ、架橋が完了する。そして、壕の幅に対して橋の前後が適当と確かめた上で、肩綱分離と連結桿分離の両方の引綱を同時に強く引いて、橋から離脱させて架設が終わり、戦車や車両などを渡らせるというわけである。

架橋後の橋の撤収方法は、架設と逆の方法で実施するが、これは作業機を正しく橋の中心に接近させ、橋の前端を人力かウィンチによって吊り上げ、肩綱を連結する。次に巻上索を持って車上に上り滑車に通して徐々に吊枠溝にはめて吊り上げる。

この場合、指揮者は橋の前方で、操縦手に対し所定の合図を行ないつつ、橋を捲き上げさせて橋が直立状態になった後に停止させ、姿勢が正しければそのまま自重によって橋は二折となって車体上に収納するというものであった。

工兵用支援車両

●製材車から電源車まで、ユニークな工兵のサポーター

様々な任務に応じた器材

戦場の作戦を遂行させるために開発された工兵の支援作業器材には、各種の車両があり、他の兵科とは異なった専門の技術的なもので、天然地物や人工的な障害物も克服排除して作戦を有利に進ませるものである。

●九四式六輪自動貨車

九四式六輪自動貨車（トラック）は昭和九年に軍用として採用され、陸海軍共これを基に各種の車両が作られている。九四式六輪自動貨車は普通道路を快速で走行し、不良道路の運行にも適し、また不整地には時によって後部四輪に取り付け交換が自由な軽量キャタピラを装着して半装軌にすることができる。通常のガソリンエンジンを「甲型」、ディーゼルエン

ジンを「乙型」と区別していた。

この九四式六輪をベースに非常に多くのバリエーションが製作され、他にも日本軍用の制式トラックとして九七式、一式、二式がある。一方、民間車として生産されたトヨタ、ニッサンのほかに、外国車両にフォード、シボレーなどのトラックも、陸軍や海軍でも準制式車として採用、各種の作戦地域に使用した。

九四式製材車

●九四式製材車

車両は工兵連隊の器材中隊に属し、作戦の要求にともない戦線に逐次木工器材を供給するのを目的とする。これは架橋、築城および交通作業などに必要な木材応用資材を製作するもので、加工場所の配置を定め加工所の人員配備は次のようなものであった。

兵員の部所は、原材仕分に二名、原木経始に二名、挽割材経始に三名、切組に五名、製材車の運転に二名、製材に六名、帯鋸修理に二名を必要とした。この木工所の配置は動力伐採機を中心に、九四式製材機（車）、廃材置場、輓割材を配置して木工工場を開設し、工兵ばかりでなく、戦場での他部隊にも資材を供給、木工作業が終了するとただちに開設位置を変換し、次の地域へと移動する。

また工場の開設位置は、なるべく森林付近で製材加工しやすい作業位置におき、その器材や加工量により、兵員を適宜に増減した。

九四式製材車に搭載する製材器材は、後部に設置した帯鋸機と手持ちの九二式動力伐採機、目立機および歪機などで、これらの器材で立木の伐採、鋸での切断から、使用した帯鋸機の鋸刃修理も行なっている。

木工工場での兵員とは別に、九四式製材車にかかわっている兵員は一六名で、その部署は自動車手（運転手）二、一般兵二（助手、連動機手）、木工三、木工運搬兵五、機工一、その運搬兵三、野外工場では他に丸鋸機や三〇キロ発電車も加わって作業を迅速に行なう。発電車は夜間の照明を担当し、製材車は九二式動力伐採機を積んだ四輪トレーラーを牽引して移動し、戦場の作戦に対応して部隊と共に行動する。

この九四式製材車は、工兵作業にはなくてはならぬもので、渡河架橋から陣地構築、要塞構築の資材まで幅広く使用された。

金属の加工・工作専用

●九四式熔接切断車

この車両は、前の製材車が主に木工関係を主とするのに対し、金属や鉄骨などを切断する工兵作業車である。車体は九四式六輪自動貨車をベースに製作され、その配備は工兵連隊の器材中隊だが、野外配置は木工部門と少し離れた個所に工場を開設する。

開設は九四式熔接切断車を中心に、本部、修理工場、車廠および鍛工場と製作修理の完成品置場をそなえていて、車内には電気熔接とアセチレンガスボンベを使用するガス切断器を搭載、これによって野外での鉄材の熔接や切断などに使用している。

兵員は六名で、自動車手一、助手一、ガス鍛工兵四で、ほかにこの鉄材を処理工作する二両の九四式工作車が配置されている。工作車も九四式六輪自動貨車をベースに製作され、外観では通常のトラックと同じだが、車台に旋盤、鍛工具、木工具、充電具や備品を搭載し、各器材の修理および部品の製作を行なうと共に、連結材料の製作と器材の火造修理などから、簡単な木工作業、蓄電池の充電も実施することができる。

九四式熔接切断車には、二両の工作車が配属されていた。

●円鋸車

先の九四式製材車は、九四式六輪自動貨車を利用して木材の切断工作を行ないつつ工兵や現地部隊に供給し、架橋資材などに活用していたが、作戦の推移にともなって、作業量が多くなり、せまい車台上では仕事がしづらいなどの声が高まったため、帯鋸機だけを分離して同様な六輪自動貨車にのせたのが〝円鋸車〟である。

　この車両には、帯鋸機と帯鋸目立機を搭載し、九四式製材車と共に野外工場を展開して木材の加工などを行なっていた。乗員は自動車手一、機工一、木工二、木材加工の兵三名をのせていた。

●百式製材車
九四式製材車や円鋸車は、中国大陸での工兵作業に便利で大いに活用することができたが、

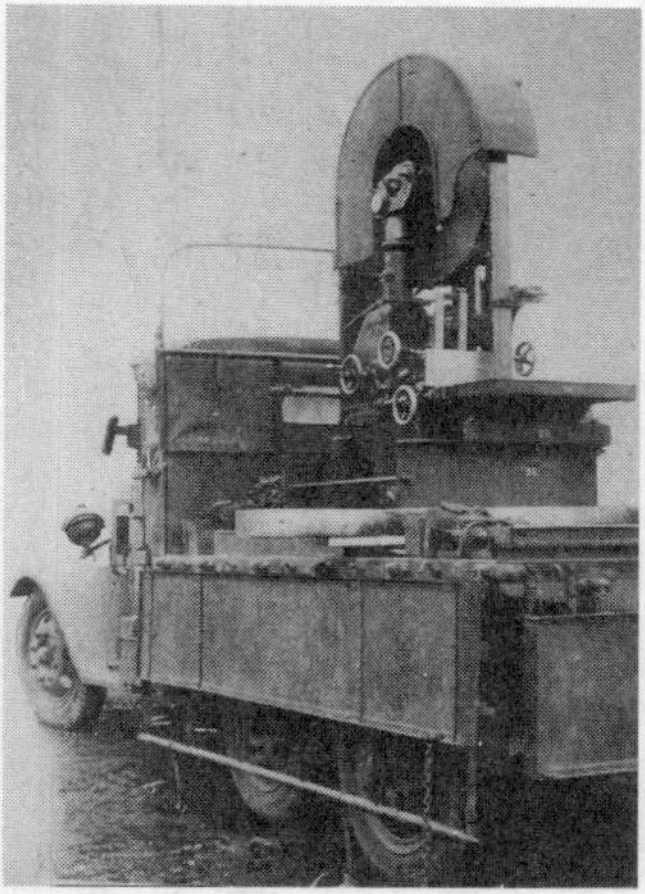
百式製材車

　昭和十六年に入って、新たな製材車を開発する気運が工兵学校などにあり、より簡素化して迅速な作業を行なう百式製材車が製作された。
　その用途は〝伐採せる樹木を現地において用途に応じ、これに適するごとく迅速に製材するにもちう〟とあり、現地戦闘部隊の進撃に対応できる車を開発したものである。車体は軍用の六輪トラックをベースに、その車台上には円い帯鋸機だけを乗せたもので、それ

まで製材車などに乗せていた自動日立機や属品などをはぶき、戦場で即、木を伐採して渡河架橋の材料として活用できるものであった。そのため、野戦行動を重視して車体を強化、搭載する帯鋸機もより強度と簡素化が求められた。

この百式も全体的には前の九四式製材車や円鋸車とそう変わるところはないが、野戦重視のため操作や作業効率を上げたものである。

作業にあたっては車体を四個のジャッキで上げて地面に固定した後、車の動力によって帯鋸機を運転して木材を鋸断し、所要の角材や板材を製作、これを工兵や他の部隊にも供給した。

これには加工した木材を運ぶ九四式六輪トラックを改良した〝送材車〟が付随していた。

●九五式力作車（機）

九五式力作車は装甲装軌車上に三トンの起重機を搭載し、工兵の架橋や築城、交通作業時の重い材料を取り扱う、一見戦車と似た装軌式車両である。陸軍の教科書『工兵作業の参考』には次のようにしるされている。

「用途、野外における重材料の取り扱いに使用する。その構造機能は、施回容易なる臂式起重機を備えたる装軌車両にして車体は台框、床板および外面板の三部よりなり、外面板は乗員室および起動機取付台を形成し、乗員および乗員・内部諸装置を保護し、側面には懸架装置を備う。

起動機は昇降機、捲揚柱俯仰機、回転盤旋回機よりなり、変速機より回転力を起重機伝動装置に伝え、各部を操作せしむ」

九五式力作車（機）

九五式力作車は、起動機で物を吊り揚げて所要の方向に旋回したり、あるいは吊った状態で目的の地点に進むことができる。力作車はキャタピラ走行ができるので、不整地や凸凹のある箇所やあるいは少し軟地でも工兵作業が可能だった。
力作車の起重機長は四・五メートル、最大作業半径四・二メートル、起重機の能力は一・五トンの重量物を吊り上げることができ、全長は五・六二〇メートル、全幅二・〇〇〇メートル、全高二・二八〇メートル、最低地上高は〇・三〇〇メートルであった。
エンジンは空冷直列六気筒ガソリンで、エンジン出力は六〇馬力、乗員三名で操作・作業を行なった。なお登坂能力と超壕能力は戦車の性能と同等なものである。
この九五式力作車の開発は陸軍技術本部の福田大尉が担

当し、製造は日立製作所や東京瓦斯電気工業などで行なわれた。

力作車は陸軍工兵学校に教育用として配置されたほか、現地部隊や南方戦場にも送られ、戦場での架橋作業や、北満の要塞建設にも使用された。

●九四式工作車

工作車は、野外での他の兵科のもつ小銃や火砲から輜重車なども修理ができる各種の器材を搭載した車両で、野戦の応急修理や現地急造も行なうことができる。

この九四式工作車の編成は工作車、付属車からなり、九四式六輪自動貨車（トラック）をベースに車体を改造し、その諸設備をほどこしたもので、車台上には発電装置、万能旋盤、鍛工具、電動鑽孔機と電動研磨機、充電機、裁断器、作業台や諸工具まで備え、さらに夜間作業用に照明器具も装備した。

付属車にはこれも九四式六輪トラックを採用し、主に修理に必要な材料を積載携行し、内部に兵員六名の座席を設置してある。この付属品と予備品は主に充電器で、トラックや各種車両の修理用、材料は兵器の修理用で各部品共通なものである。

この九四式工作車の重量は五・九〇〇トン、付属車の重量は二・九〇〇トンで、その運動性は通常の六輪自動貨車と同等なものであった。

工兵用の機械化車両

●九七式工作車

先の九四式工作車は昭和九年に製作された修理作業用の車両だったが、昭和十二年に日華事変が勃発し、大陸へ陸軍部隊が進出するにつけ、これに対応できる工作車が必要となり、この年に開発されたのが九七式工作車である。

車体ベースは前と同じ九四式自動貨車を使用することになったが、従来と違い広い大陸を行動するには、重い修理器材を搭載するには無理があると判断し、車体の各部分の強化を行ない、これに各種の修理器材を配置積載したものである。

九七式工作車

搭載した修理器材は、九四式工作車とそう変わらないが、戦地ですぐ修理可能なようにトラックの車台側板を展開して行なうよう、また車の幌部分は上に巻き上げて使用し、風雨時にはこれをおろして修理を続けることができた。

天井にはいくつかの電燈が設置され、夜間作業も無理なく行なえるのが特徴であった。

側板を開いた三方向には、それぞれ小ハシゴがつき、車の外でも作業が行なえるよう小さな台ものせていた。九七式工作車には付属車も同行するが、兵員はそれぞれ専門の技術をもつ兵か技術者たちで、敵中を行くため、これには小銃が装備され、スワ敵襲となるといずれも銃をかまえて戦うことができた。

九七式空気圧縮車を利用して岩石の穿孔作業中の工兵

●九七式空気圧縮車

本車はキャタピラ式で、その用途は野外を移動し、工兵器材や火焰放射器に圧縮空気を供給し、削岩機や硬土掘削機、削整形機などの動力源として活躍するものである。

構造性能は、砲兵用の九八式四トン牽引車をベースに車台部分を改造して、その上に空気圧縮機、空気溜および属品や予備品を搭載したものである。空気圧縮機は空冷二段圧縮型で車両の停止時のエンジンを利用して連続してこれを使用でき、さらに低圧、高圧気筒に圧縮空気冷却用放熱器を設置してある。

圧縮機には自動圧力調節装置があり、圧縮機の始動時は自動調圧弁が作用し、負荷を低圧気筒側に制限する。また空気溜内の圧力、七キロ／平方センチに達すると、自動的に空気の吸入を止め、圧縮作用を停止すると共に自動調圧装置を作用させ六キロ／平方センチ程度に低下すれば、圧縮作用を再行することができた。

全備重量約五・六トン、最低地上高三一センチ、走行能力は最大運行速度三〇キロ／時、登坂能力三分の一、旋回は信地旋回で、行動能力は平坦地で一〇時間に二〇〇キロであった。

エンジンはいすゞCXA四衝程V型八気筒空冷エンジンで、標準出力七二馬力、最大出力八八馬力を有した。乗員は三名である。

九七式三〇キロ発電車

●九七式三〇キロ発電車

この車は野戦において迅速に、部隊と共に行動ができるため、工兵や戦車部隊に直流電力を供給する任務を持っていた。

発電車は、試製の九八式四トン牽引車をベースに発電機材を積んだもので、車両の停止間に車のエンジンを利用して発電機を動かして電気を各所に供給するのを目的に開発された。

その構造は、牽引車の後部座席を廃止し、その位置に発電機を設置して、前方座席右側に配電盤を、左側に気中遮断機を取りつけたもので、横軸装置に発電機駆動装置および切替装置をそなえた。さらに吸気多岐管と気化器との中間に自動調圧器を設けた。

車の後部両側に電気ケーブル各一〇〇メートルを収容する絡車各一コをおさめてある。運転台計器板に回転計および電圧計を設置し、車両左側に送電標示燈を取りつけて電気が送電されているかを確認できるようになっている。

この九七式三〇キロ発電車のデータは、全備重量約五・三トン、全長約三・七メートル、エンジンはいすゞ空冷ガソリン機関、標準出力七三馬力であった。

この車の発電能力は、毎分二二〇〇回転で二三〇ボルト三〇キロワット、二五〇〇回転で二五〇ボルト三四キロワットであった。

九七式三〇キロ発電車は、野外における工兵や戦車部隊の修理などの夜間照明や動力用の電源としてもちいるものであり、主に部隊後方での作業であった。

だが、大陸や南方戦線での使用には、敵からでもはっきりと作業所を確認できるため、中国戦線では中国軍の迫撃砲の目標となることが多かったと、部隊戦記に書かれている。

発電装置には、九七式三〇キロ発電車のほかに、四輪トレーラー式の発電車や小型の手押し式発電車もあり、これらは大陸の戦場だけでなく、防空部隊の照空燈への供給や照明器材に対応するものなど、また本土決戦用の建物への電気補給、防空無線室でもこれらの電気がかかせないものであった。

工兵・通信用特殊車両

●近代戦に不可欠な塹壕掘削や配線を迅速に行なう各種機材

〝画期的〟工兵車両

工兵連隊の器材中隊に装備された器材車両には、あまり知られていない特殊な車両がある。これらの器材車両には他部隊の車両修理や補給を主眼として、平事、戦時をとわず、その状況に即応するように技術を戦況に調和させて行なうのを任務とし、第一線部隊の戦力を保持増進するにあった。

その中から比較的面白いものを挙げよう。

塹壕掘削車は、もともと〝土掘機〟として海外では一般の土木機械として使用してきたものである。一九一四年、ヨーロッパで第一次大戦が勃発し、戦争の推移に従って、敵味方共に塹壕戦となってしまった。初めはスコップによる個人塹壕作りなどを行なっていたが、塹壕戦も一進一退をくりかえしながら長期化するようになると、大きな火砲陣地や弾薬補給路を作り、はては敵の戦車などを落とし入れる戦車壕も作ることになる。

これには兵隊のスコップ作業ではとても間に合わず、フランス陸軍は無限軌道装置（キャタピラ）付きの土木機械を戦場に投入して、これで土砂を短時間に掘削し塹壕を作ることを考えた。この土木機械は中央にバケット式ショベル土掘機がつき、これが回転することによりバケット幅の溝掘をすることができた。

2個バケット式掘削機

戦場でこの土掘機に注目したアメリカ派遣軍は、戦争が終了すると、これをヒントに各種の土木機械を製作し、工兵などに装備していたが、軍事的には戦争も終わったこともあって、むしろ一般の土木機械として使用されることが多かったのである。

我が国では、工兵の土木作業は主に人力による塹壕作りで、機械化などは考えてもいなかったが、昭和初期にアメリカ陸軍が新たな塹壕掘削車を開発して工兵の土木作業に進歩をあたえると発表すると、日本でもこれを購入して工兵部隊に配置し、テストを行なった。

掘削機は、トラクターの前方に取りつけた一個バケット式と二個バケット式があり、このバケットが回転して溝を掘り、掘った土は回転コンベアにより両側に高く盛り上げられ、即事に予想通りの塹壕が出来上がるという仕組みである。

このバケット式掘削機では立射用、膝射用などの掩体も自由に掘削することが可能で、二組の回転バケットで一時間に一〇〇人分の作業ができた。当時は国内での演習などで公開され好評だったが、実際にはあまりにも大型でトラクターで牽引するため使いにくく、また輸送にも多数の兵員を要することから、結局〝画期的工兵車両〟と話題にはなったものの、その後はあまり使用されなかった。このバケット式掘削機はアメリカのパッカード社が作ったものである。

電信部隊用〝植柱車〟

陸軍の通信兵が使用する通信方式には、有線通信、無線通信、視号通信および鳩通信に分類される。この中でも有線通信は甲と乙地点を導線（ケーブル）をもって連絡、これに電流または周波数の電波を通じ、電信または電話で通話、連絡することができる。

また無線通信は、空間に伝播する電波によって電信や電話を構成する。

有線電信交信には単信通信と対信通信、二重通信とがあり、単信通信は通信機各一組をもって対向して送受信を交互に行なう方法で、対信通信は通信機各一組をもって対話的に行な

九七式植柱車を利用した植柱作業

う方法で、二重通信は通信機各一組を対向し、送受信を同時に各個所別に行なう方法とがあり、これらは各部隊の戦場展開により少し異なって使用されるが、その送受信には大きな差はない。

　有線の線路構成中もっとも重労働なのは植柱作業であった。これにはまず電柱を立てなければならない。野戦での電柱建設には中径約五センチ、長さ四メートル、上部にガイシをつけた木柱を、約七メートル間隔で地面に穴をあけて植柱していく。毎時二キロの建設速度を要求されるため、通信兵の作業は非常に重労働であった。

　また通信手段による半永久線路の電柱作業は中径約二五センチ、長さ六メートルの木柱を幅五〇センチ、長さ七〇センチ、深さ一二〇センチの穴を掘り、これに根子木をつけた植柱建設は、一日数キロしか進めなかった。

　満州事変や第一次上海事変時の有線線路構成作業は、ほとんど人力で行なうものだったので作業効率は悪く、電信部隊の機械化が要望されたのである。

昭和九年、九四式軽装甲車が制式化され、歩兵も機械化を目指すようになる。それにともないこの車体を利用して、電信部隊用の植柱車開発が進められた。まず車体上部の装甲を取りはずし、前部右側に操縦席を、その左側にエンジンを置き、車体には穿孔機を搭載、作業器材や九二式裸線（ケーブル）を巻いてある絡車架と、軽度な作業台を設けている。

作業動力は車体のエンジンを利用、これから直流発電機を回して穿孔機に伝える。穿孔機には長さ一〇メートルのコードがつき、電流五キロワットの直流発電機を介して、車体ソケットに差しこみ使用される。

地面の穿孔は、穿孔機の錐を利用して兵士が手持ちで実施、先端に取りつける錐は螺線形の特殊鋼で作られており、地面堅度を考えて用途別に四種類が装備されている。植柱速度は普通土で毎時六キロ、凍土でも毎時四キロで作業ができた。

車体形状は九四式軽装甲車の後部を改装して車室を作り、これの右側面にU字型のラックを上下に取りつけ、植柱用の木柱を数本収めて移動することができた。この木柱は二本をつなぎ合わせて高くすることも可能で、状況により電線を電柱に架設時も高く、また低く配線することができる。

植柱車の屋根には折りたたみ式の鉄バシゴも設置していて、これを高くして配線作業を行なうことができた。植柱車は操縦手をふくめ六名が乗車し、附属車には四輪トラックがつき、木柱や配線、作業台などをのせていた。

はじめは九四式軽装甲車の車体を改良して植柱車としたが、九七式軽装甲車が出現すると共に、この車両を改造して「九七式植柱車」を作り、これが通信部隊の主装備となった。

●九七式延線車

本車も通信部隊の野戦線路配線に使用する車両で、前の植柱車とペアを組んで配線作業を行なう車である。この延線車も当初は九四式軽装甲車を利用して開発され、車体後部左側に配線の巻延装置と左右に作業席があり、中央に配線架が設置している。

延線車には車のエンジンを利用して延線、巻線など絡車の種類に応じて、絡車の回転速度を車の走行速度に適応させて行なうのを特色として製作された。

九七式延線車

電線のくり出し装置は、延線伝動装置から伝える回転力で電線を後方にくり出す作用で行なうが、電線の線種によって太さが異なるため、これの早さを調整するのがむずかしいものであった。延線車ではその機能上、車体の走行速度と電線のくり出し速度をつねに同調させなければならないという、めんどうな点があった。

しかし、延線速度が毎時六〜七キロ以上になると、電線は車外へ流れるように二〜三メートルも水平に射出される状態で、これに合わせて通信兵が植柱に取りつけて作業をする。

この延線車と先の植柱車とは、地形や状況に応じて車両台数が二対一、または三対一などに組み合わせて使用された。この延線車も初めは九四式軽装甲車を改造していたが、後に九七式軽装甲車が登場すると、九四式と比べて後部が広いこともあって、九七式軽装甲車を基に延線車を製作し、新たに「九七式延線車」として通信部隊に制式配備した。

装甲車&トラックをベース

●重延線車

通信部隊の延線車による延線作業も、中国戦線では敵を追っての司令部や戦車部隊の行動が早く、これを追求しながら指揮連絡するには、装甲車両の延線車より、足の早い六輪トラックを利用した重延線車を採用することになった。

本車は九四式六輪トラックの後部に着脱式延線装置を設置、車台前方にケーブル四巻を積載する。これは逐次絡車架に収まるようにしたもので、配線作業効率が良く、部隊の前進と共に配線も撤収、設置作業を素早く行なうことができた。この重延線車には、ときによってケーブル線を搭載したケーブル補給車も行動を共にした。

●埋線建築車

通信部隊に延線車が装備され、ケーブルを急速に敷設することが可能となったが、作戦地域によってはケーブル配線を長く地上に露出しておくのは支障をきたすおそれがあるため、このケーブルを地中に埋設した方法が良いという意見が多くなり、これに基づいて開発されたのが埋設建築車である。

本車は東京瓦斯電気工業で試作装軌車をベースに製作され、エンジンはドマーク六五馬力エンジンを搭載、車体後部に埋線用の鋤を装着し、これで地面に溝を幅四センチ、深さ四センチのものを掘り、その溝底にケーブルを埋設した後、みずから牽引するローラーで地面固めをしつつ作業を行なうもので、ケーブル絡車の着脱は車台中央に設置した〇・五トンの電動クレーンで行なうことができた。この埋線能力は内地のような普通土では最大毎時四キロで、他にも応用性があった。

埋線建築車

苛酷な野戦で威力を発揮

●強土埋線作業車

通常、通信部隊では普通土の埋線はそう難しくはないが、北満や冬期の中国戦線では凍結した地形が多く、この作業に合わせたより作業効率の良い車〝強土埋線作業車〟が生まれることになる。この車両も東京瓦斯電気工業で開発され、前の埋線作業車と同様なキャタピラ付きの装軌車が選ばれた。野戦の不整地行動では、トラックよりも装軌車両の方がピッタリだったのである。

本車は車体後部に円鈑鋸を取りつけ、これを車体エンジンの動力を利用して回転し、凍結地の凍土なども切り抜き、配線の埋線作業がしやすいように考えたものである。回転する円鈑鋸の歯部には超硬質の焼結合金タンガロイが熔着しており、使用時の磨耗防止と強度が高められている。

本車の埋線作業能力は毎時一キロ程度で、作戦に追従して速度を求めるにはやや無理があった。ただし、急速に作られた配線路では、補強とカムフラージュの意味から、その要所に埋設して部隊追求を行なったものである。

●半永久建築車

野戦における通信部隊の有線用配線および埋設配線は、その地域の作戦が終了すると、ケーブル配線を撤収して進むのが本来だが、司令部や他の部隊がそこにとどまっている場合は、

半永久建築車

それ向きのケーブル配線をしなければならない。そのような配線を行なうために開発されたのが〝半永久建築車〟である。

本車は半永久線路作業用の車で、九四式六輪トラックをベースに、これを改良、車台上に穿孔装置と植柱や柱上の作業ハシゴを設置、電線を延長する装置を取りつけ、地面に穿孔植柱や延線、架設などの作業を行なう。

穿孔機には錐がつき、その回転軸を車体後部に設置した高さ約四メートルの起倒式鉄塔で保持、車両のエンジン動力を利用して錐を回転して穿孔するものである。

錐の穿孔速度は中径二五センチ、深さ一二〇センチの孔をあけるのに約五分、凍土でも約一〇分、また手掘りでの植柱よりも機械穿孔での植柱は確実で堅固であった。

通信作業隊には、この建築車を二〜三台配備する予定であったが、この車両の開発に手間どり、多数装備できなかった。

●九四式無線修理車

本車は通信部隊の野戦時における無線器材の修理と、整備を目的に開発されたもので、一般には〝通信修理車〟と呼ばれていた。

車は日華事変後半から陸軍の野戦無線整備を効率的に行なうため、九四式六輪トラックをベースに製作され、使用と搭載品の区分から工作車と材料車に分かれている。

工作車は車上に工作装備品を積載し、木工、鍛工、旋盤、熔接、仕上げ、発動機など通信の器材全般が修理できる車両である。車内にはこれらの修理器具や作業台のほか、野外で作業が行なえるようテントが搭載されている。このテントの面積はほぼ一〇平方メートル、高さ約三メートルのものが展張できる。

次の材料車もやはり九四式六輪トラックをベースにしたもので、無線器材の部品交換および修理が行なえるように工夫され、ひと通りの無線器材の修理に適応することができた。

本車は通信部隊の移動修理班として独立して修理場を開設して使用する場合と、野戦修理工場の一部、たとえば師団の兵器勤務隊などの電工分隊用に使用する場合とがある。

前者の場合は本車の全能力を発揮して修理にあたるが、後者の場合は部分的に主に電気の修理、バッテリー、ケーブル配線などの調整作業を行なうのみで、他の作業は別の野戦工場で行なうことになっていた。

無線修理車の開設地選定は次のものである。

一、土地の固い所で車両出入が容易。

二、部隊間の連絡や作業給水に便利な所。
三、静かな場所で気象や電気的な影響が少なく、土地も乾燥している所。
四、土地の建物や電源を利用できる所。

渡河器材

●大陸・南方の戦場を想定した戦車や人員のための橋渡し

河川戦闘勝利のカギ

大陸での日中戦争や太平洋戦争でも、戦車や軍用車両が行動する戦場は広大な原野ばかりではなく、時によっては河川が行く手をはばみ進むことがむずかしくなる。陸軍は河川にあえば工兵の持つ渡河や架橋器材を使い、大河や海岸では船が必要となる。こうした器材は工兵の渡河器材として装備されていた。

河川の戦闘は河川の障害を利用して護る者は敵を阻止し、あるいは攻める者の半渡河に乗じて攻勢に転じてこれを撃滅しようとはかるのに対し、攻者は舟艇および橋梁などにより渡河しようとする作戦である。

河川渡河は、河の大小、敵情などにより難易があるが、例えば第一次大戦の初期、ドイツ軍はベルギーをおさえナダレをうってフランスに進入したが、フランスはマルヌ河を障害に利用して防御を行なった。

この河の幅はわずか七〇メートル足らずであったが、ドイツ軍はこれを渡ることができず、全般的な攻勢作戦に失敗し、ついに西方戦場で戦闘が固着するにいたった。これは歴史が証明する一コマである。

日本軍の日中戦争時の第二次上海事変の蘊藻洗クリークや蘇州河の渡河作戦でも結果において成功したが、この両河は共に四、五メートルの河幅にすぎなかったが、非常な苦戦におちいったことがしばしばあった。

第一次大戦のドイツ軍がセルビアを攻めた時のダニューブ河の渡河、日本軍の黄河の渡河などの大きな河川では、技術上では非常に困難をきわめた例だが、戦史上からみればむしろ成功したといえる。そのため渡河作戦では、敵の備えの少ない所から不意に渡る方法を選ぶことがもっとも必要であった。

日本軍は日中戦争および太平洋戦争での河川戦闘はほとんど成功している。すなわち、昭和十二（一九三七）年末の済南東北の黄河の渡河、同十四年三月の南昌攻略戦における修水河の渡河、同十五年の宜昌作戦での五月末の漢水の渡河、太平洋戦争に入って昭和十六年十二月の九龍半島より香港島に対する渡河上陸作戦、同十七年のマレー作戦時のジョホール水道の渡河などは特に有名なものである。

これら渡河作戦時の渡河要領は、まず敵の意表に出て、工兵部隊の操縦する機舟に歩兵や他部隊を渡河させる一方、架橋材料をもって橋梁を架設して残りの兵力および弾薬資材の運搬をはかるのである。

渡河は舟艇に兵員、軍需品などの物質を載せて前岸に渡るのだが、その舟艇には操舟機（モーター）を付けて渡航する。現地で徴発した舟にはこれはついてないが、この種の舟を利用して渡った例も少なくはない。

工兵部隊による戦車渡河

この操舟機をつけての渡河作戦例は、昭和十三年十月、漢口攻略戦の際、稲葉部隊が漢口突入を目前にして漢口北方戴家山にさしかかるや、約八〇〇メートル幅の氾濫クリークに遭遇し、ただちに地方の民船を利用して渡河をはじめ、戴家山の中国軍を突破して漢口をいち早く占領した。

また昭和十四年、南昌攻略時には、日本の戦車部隊が南昌に突入すると見た中国軍は、河幅約一〇〇〇メートルの贛水に架した橋梁を破壊してしまったため、斉藤部隊の一部は土地の民船を徴集して白昼ゆうゆうとこれを渡り、南昌を占領した例もある。

敵火の下でいち早く渡河するためには操舟機付きの舟を

利用しなければ能率が上らない。しかし操舟機を使用するときは、その爆音が激しいため、敵に秘匿して渡河しようとする時は察知されやすいきらいがあった。

●工兵の渡河器材

工兵の持つ渡河器材には、架橋器材と漕渡器材があり、これらは水上における作業のそれぞれの目的、場所、機械によって使いわけられる。水上の作業は漕舟と架橋に分け、漕舟には波浪の高い海面で行なうものと、波浪のない河川、湖沼で漕渡を行なうものとがあり、これに機械を使用するものと機械をもちいない手漕のものとがある。架橋の中には平時より準備して置き、動員と共にこれを車両で戦地に運搬携行する組み立て式の架橋材料で、この架橋を通すものの軽重によって、重軽各種の架橋材料があった。また戦地で集めた木材などを加工して架橋を行なうこともあり、これは応用器材による架橋という。

架橋器材の〝折畳舟〟は、ベニヤ合板製で、折り目は厚い麻布にゴム質を塗布したもので接合し、数千回の折りたたみに耐えるものである。昭和初期には主に二トンと四トン積みのものをもちいたが、それを改良した折畳鉄舟ができあがった。

舟は分解式に四個の全形舟からなり、それを組み合わせて一舟とする。さらにそれを河に並列とし、用途に合わせて二舟門橋、三舟門橋、四舟門橋、五舟門橋として使用した（門橋とは、舟を並べた上に橋節桟橋を作り、戦車や車両が乗れるようにしたものである）。

重装備の各種テスト

●戦車の渡河器材

陸軍の戦車やトラック、火砲と牽引車などを渡河する器材に次の六種が製作された。

一、乙車載式器材
二、甲車載式器材
三、丙車載式器材
四、九九式重門橋
五、百式渡河器材
六、超重門橋
七、九七式駄載渡河器材

このうち、乙種車載式は早くから開発された架橋器材で、太平洋戦争時にも使用された。

乙車載式の門橋は、軽量な火砲や兵員をのせるものとして、四節二舟門橋（尖形舟四コ、方形舟四コの組み合わせで踏板と槙合綱とを一セットにしたものを全形舟と呼び、全形舟で四節門橋を構成する）。

九四式や九五式軽戦車、九二式重装甲車などは四節四舟門橋（全形舟四コ）を使用する。

内容は尖形舟八コ、方形舟八コ、踏板三二枚、槙合綱一六、漕舟具は艪《ろ》四、棹《さお》四、はやお四、錨定具は錨四、錨綱四、浮標四、橋床材料として桁二四、板二二、結束具八で、その他道板、ボルト、車止土嚢八、荷造綱八〇本という材料である。門橋の構成は工兵の門橋班長一名と兵士一二名でこれを実施する。

八九式中戦車を渡す場合には、五節四舟門橋と五節六舟門橋があり、五節四舟門橋では、全形舟（尖形舟八、方形舟一二、踏板四〇、模合綱四〇、あかとり八）、漕舟具（艪四、棹四、はやお四）、錨定具（錨四、錨綱四、浮標四）、橋床材料（桁二六、板三八、縁材二、結束具八）。その他道板、車止、荷造綱も使用された。

乙車載渡河器材が製作されたのは比較的早い時期であったが、本格的に戦車の渡河を研究したのは昭和六（一九三一）年三月で、陸軍工兵学校が歩兵学校と協同し松戸付近で「江戸川戦車渡河研究演習」を行なったのがはじめである。実施した戦車はルノー乙型戦車とホイペットA型中戦車で、乙車載渡河器材を利用して軽戦車門橋を構成し、これの搭載と漕航、上陸を行なった。その目的は四舟門橋をもちい、特に敵岸における上陸に際し、門橋を擱座して戦車を上陸させるもので、その結果、軽戦車の搭載は河岸の水深が許せば軽導板のみで渡すことができ、また上陸は鉄舟の上陸舷に導板や柴束などを置いて随所に上陸することができた。

これにより、ルノーおよびホイペットのような中戦車でも、敵に遮蔽して充分渡河準備を整えれば乙車載器材で渡河可能で、歩兵などの渡河部隊に追従して戦闘に協力できることがわかったのである。工兵が漕渡用門橋構成に要した時間は、作業手一八名で三〇～四〇分、戦車搭載から漕航、上陸に要した時間は、ルノー乙型で約八分、ホイペットで一五分であった。この実験で、もし地形さえよければ戦場での強行渡河もできると歩兵・工兵学校では確信を得たのである。

(上)東京の江戸川で行なわれたホイペットA型中戦車の渡河演習の様子。(下)ルノーFT軽戦車の渡河演習

戦車の渡河テストは、ルノーFT軽戦車をくわえてさらに三回の実験を重ねた。ルノー戦車の場合、ルノー乙型よりも軽量だったため、門橋の搭載から漕航、上陸までの時間は短縮し、最初危ぶまれたこのテストも戦場ではすぐ応用できることがわかったのである。

昭和七年の第一次上海事変に続いて十二年の第二次上海事変でも日本軍の戦車隊が出動したが、上海周辺には多くのクリークがあり中国軍はこれを障害物防御としていたが、前年の江戸川渡河訓練が意外な効果を挙げ、クリークを渡ってくる日本軍の戦車に追いまわされる結果となった。

これを機会に工兵学校は陸軍の戦車渡河器材を本格的に研究するようになり、中国戦線では河川にさえぎられても、難なくこれを越えて進撃し、各作戦に大きく貢献した。

戦車の渡河器材としては、次のものがある。

●甲車載式器材

乙車載式にかわるものとして開発された架橋器材だが、当時まだ漕渡器材が不充分で、鉄舟で漕渡を行なうのは困難であった。そのため軽量な軍用トラックや兵員、弾薬などの渡河に使用された。

●丙車載式器材

昭和十一(一九三六)年、横河橋梁が機械化部隊用の渡河用として製作したもので、橋床はトラックの轍桁だけで架柱と橋床は鋼板で作られている。一見便利なものと判断されたが、架柱橋の架設は九五式力作車などのクレーンを装備した車でなければできず、資材不足の戦場クリーク渡河にはあまり使用されず、安全地域のトラックなどの渡河に使用されただけだった。組成は木舟と架柱で、通過重量は一四トンと大きいものだった。

●百式渡河器材

甲式車載式では部品も重く旧式化し、乙車載式では通過重量が五トンと軽量で、戦車や牽引車で牽引する重火砲などが耐えられないため、新たにその中間を取って開発したのが百式渡河器材である。

この百式器材による橋梁は、架柱と舟橋を組み合わせ、重縦隊橋として使用するものである。架柱橋は河の流速、水深共に一・五メートルで河底平坦堅硬な河川に適し、舟橋は水深五〇センチ以上で流速二・五メートル以下の河川にもちいる。橋幅は三メートル、一橋節の長さは四メートルであった。

百式器材は戦車や重火砲を河川に渡すことを目的に開発され、その使用重量に合わせて二舟門橋、三舟門橋、四舟門橋、五舟門橋と舟を並行にして使用する。

●九九式重門橋

これまでの甲車載式、乙車載式、丙車載式や百式渡河器材はいずれも向こう岸が見える河川に舟を併列に並べて架橋し、戦車や火砲を渡すのを目的としたが、中国の大きな河川、黒龍江やウスリー江など、またノモンハンの対ソ戦でのハルハ河ではとても従来の渡河器材では戦闘に間に合わないことがわかった。そのため戦車などを搭載し、その舟艇後部に操舟機をつけて河川や湖などを動き回れる〝九九式重門橋〟を昭和十四年に開発した。

この九九式重門橋は搭載荷重一六トン、舟は木製の折りたたみ式の三舟門橋である。各舟の後部に九六式大操舟機を取りつけ、戦車をのせて自由に大きな河川や湖水、また海岸からでも上陸作戦が実施できる、画期的な渡河器材であった。

製造は陸軍の命をうけて千葉製作所が行なった。重門橋は折りたたみ式の尖形舟二と方形舟一を一体化させて組み合わせるが、中間は凹ませてありここに踏板を並べて戦車を搭載する。使用目的は大河の渡河作戦での偵察や指揮にも使え、操舟機で航行するため、時によっては九五式折畳舟六隻を曳航することが可能であった。九九式重門橋の全備重量は一〇四五キロ、九六式操舟機機関出力六五馬力、単舟での速度は毎秒七メートルであった。

この九九式重門橋は、太平洋戦争のシンガポール攻略時にも使用し、ジョホール水道の渡河にも活躍した。

●超重門橋

九九式重門橋は非常に便利な渡河器材であったが、搭載荷重はわずか一六トンと、九七式中戦車を載せれば他の兵員を載せることができず、また戦局により陸軍の戦車も大きく重量が増し、一式中戦車は全備重量一七・二トン、三式中戦車は一八・八トン、四式中戦車は全備重量が三〇トンととても従来の九九式重門橋搭載重量をこえてしまったので、陸軍でもこれら中戦車を搭載河川を移動できる漕渡器材を開発することになった。

この超重門橋は前の九九式重門橋の形式をとり、搭載荷重も四〇トン、九九式と同じ木製折りたたみの五舟門橋を戦局も押しせまった昭和十九年に完成した。これの製作開発は千葉

(上)三舟の九九式重門橋による九七式中戦車の渡河要領
(下)九九式重門橋の舟艇に九六式操舟機を取り付ける

工作所と横河橋梁が協同して行なった。これの運搬方法は自動車に載せて河川まで運んだのである。

しかし、昭和十九年末期とあって、太平洋の南方戦線や中国での河川渡河や上陸作戦もままならず、試作の一部をテストしたのみで量産にはいたらなかったようである。

●操舟機の発達

渡河は舟艇に兵員や弾薬など軍需品を乗せて対岸に渡るのだが、この舟艇にも操舟機をつけたものとつけないものがあった。

陸軍の工兵部隊にはじめて操舟機（モーター）が採用されたのは明治四十二年の四二式操舟機である。これは海外、フランスから求めたといわれ、乙車載式架橋材料中隊が渡河作業の水深や流速をはかるため、尖錨舟の舷に取りつけて使用した。

次の十一年式は四二式を改修したもので、これも同じく架橋材料中隊に配備した。大正期から昭和初期にかけては、馬にのせて運ぶ「駄載式操舟機」「特殊操舟機」「大取付操舟機」と陸軍の研究も進み、特殊操舟機は架橋の特殊作業に、また大取付操舟機は、甲車載式鉄舟や木舟に装置して使用された。

操舟機のうち、四二式と大取付操舟機はフランスから購入したが、他は陸軍造兵廠や池貝鉄工所が製作したものである。この頃、海軍でも操舟機を採用するようになり、陸軍は操舟機と呼び、海軍では「舷外機」と呼称するようになった。

昭和に入って船外機は昭和五年に九〇式駄載用、昭和九年に九二式操舟機および九四式軽操舟機といずれも池貝鉄工や三菱重工などが製作にあたっているが、昭和十年には九五式軽操舟機を正田飛行機が、九七式駄載式操舟機を日本内燃機が開発して、工兵部隊に配備している。

幻の水陸両用戦車

●試作にいたるも実用化されることなく潰えた特殊戦車開発秘話

戦車を渡河可能に

戦車の行動が陸上だけでなく、難点である水中でも自由に動くことが可能なら、上陸作戦や渡河、湿地帯の通過でも使用することができる。

この考えのもとに水中でも行動できる水陸両用戦車が研究されることになり、まず第一大戦末期にイギリスのマークⅨ戦車を利用して実施され、一九二一年には同国のD型中戦車を改良してテームズ河でテストされたが、不幸にも沈没するというトラブルが起こった。

一方アメリカでは、ジョン・W・クリスティが水陸両用戦車の開発に取り組んでいた。これは砲塔のない車体で実験され、陸上では通常に走り、水中に入るときには後部につけたスクリュー・プロペラで水中航行を行なうなどの研究がされた。

我が国ではシベリア出兵後の大正末期、軍用自動車調査委員会が発足し、騎兵機械化の一端として騎兵学校に自動車班を設置、偵察用として海外からオースチン装甲車を購入して調査を行なった。

それと同時に騎兵用装甲車にも路外性の要求が出され、水陸両用車を製作、研究も合わせて行なうことも決定された。

騎兵学校が要望した水陸両用車は、大正十五年に陸軍技術本部の協力のもと、大阪砲兵工廠で完成した。

この車両は、フランスから購入したシトロエン・ケグレス半装軌車を参考に開発され、車体前後に車輪を、中間に装軌（キャタピラ）を持ち、形式はボート型の車体にドーム型の砲塔がつき、さらにストロボスコピック式の視察キューポラがついていた。

試作車は、試製一式水陸両用装輪装軌併用装甲車（戦車）と呼ばれた。

試製一式水陸両用装輪装軌併用装甲車

車体は水密性を重視してボート型とし、砲塔部と一体に作られ、乗員の出入りはせまい砲塔の上部からしかできなかった。

後部には排気缶もつき、排気管および排気孔には水が入らないように高くされていた。

この車両は、車体の水密性を重視したことと、車輪と装軌の駆動方式および水陸両用車としての可能性を探るのが製作目的であって、水陸戦車の戦術的実用性はあまり問題にしていなかった。

●試製二式水陸両用車

昭和五（一九三〇）年、第一次試作の経験により、次は実用的な水陸両用車を得る目的で、第二次試作を行なった。そして水陸両用車の研究を推進するため、石川島自動車製作所に対し水陸両用車の製作を依頼した。

また、大阪砲兵工廠に命じて試製一式を改良した車両を作成するように指示、水密性能の結果をもとに不備な点を改修し、同年には、試製二式水陸両用車と名づけられた車両が完成した。車体は試製一式と同様に車輪と装軌を併用させた形式で、やや大きいドーム型となり、砲塔部分は回転式として上部を大きく乗員の出入りを楽にさせた。

そして車体後部にエンジンから分配して駆動するスクリュー・プロペラ一基が装備され、これで水中を航行するようになっていた。

この車両はテスト後、陸軍騎兵学校教導隊に教育用として配備された。

試行錯誤の試作車両

●石川島のＡＭＰ水陸両用戦車

試製二式水陸両用車と前後して、昭和四年五月、石川島自動車製作所で開発された試製半装軌式水陸両用車が完成した。

石川島での社内名称はＡＭＰ型である。

形式は車体前方に装輪、後方には小型キャタピラを配し、車輪中間にスクリュー・プロペラを設置した。テストは昭和五年に行なわれ、水中航行の際はスクリュー・プロペラを使用するため装軌の方が先となって進み、陸上では逆に車輪の方が先端となって走行した。

車体は水上速力を上げるため車体形状を考慮した設計だったが、舟艇と比較しても縦横比が小さくなり、水上航行ではスピードが出しにくかった。

ＡＭＰ型半装軌式水陸両用戦車

また陸上走行は、戸山ヶ原の丘陵地帯で実施され、騎兵学校が主体となって車輪側を先にした登坂テストを行なった。

車輪と装軌の半装軌式を採用したのは水中から陸上へ移行する時、水際地質の軟弱から陸に上がるのに難があると考えたからである。

水陸テストは陸上行動を主とし、水上は補助的なものとしていた。

ＡＭＰ型半装軌水陸両用車は、砲塔部分や後部水切先端部を取りはずすことが可能で、水中航行や陸上の登坂テストではそのような形式をとっていた。

主なデータは次のとおりである。

全長四・三九メートル、全重量二・五トン、機関フォードＡＡ型四〇馬力、装甲五ミリ、武装機関銃一、登坂２／３、乗員二名、速度陸上四五キロ／時、水上九キロ／時、操向陸上は差動機、水上は前輪、推進はスクリュー・プロペラ

同車は、騎兵学校の実用試験の結果、騎兵支援用として実用に適するものとして認められたが、量産配備されることはなかった。

●九二式水陸両用重装甲車

騎兵の機械化を促進させる戦車として、九二式重装甲車が昭和六年に試作され、それを改良した生産型が昭和八年に完成し、ただちに量産に移された。

陸軍では、この車両をベースに水陸両用戦車を開発することにしたが、この重装甲車は他の戦車が鋲接構造であった当時としては珍しく、全面溶接構造で作られていた。

鋲接よりも溶接構造なら、水密性も考慮される。九二式重装甲車の機構をそのままにして、

車体上面をやや平面的な凹凸の少ない形状と水密構造にした水陸両用車両が試作され、九二式重装甲車A型イ号と呼ばれた。

車体はすべて溶接組み立ての水密構造とされ、容積が増やされて浮力を与えていた。またフロートが追加されて、車体後部には一基のスクリューがつき、水上での航行はこれで行なう。足まわりは九二式重装甲車の初期生産型と同じ転輪六個である。

本車は水陸両用の試験に利用され、量産に移ることなく試作のみに終わったが、本車が得た水陸両用のデータは以後の研究に役立ったといわれる。

●石川島製水陸両用戦車

九二式重装甲車A型イ号と同時期に、石川島自動車製作所で試作した水陸両用戦車があった。車体形状や外観は九二式重装甲車と同じで、やや車高が高く作られ、水中走行するためか排気管が上位につけられていた。

溶接構造となっていても各部分にいくらか鋲接らしいのが見えるが、この水陸両用戦車にはその形跡は見えない。

特徴として、車体右前方に九二式一三ミリ機関砲一門を装備しているが、取りつけ個所が丸く作られていて、より水密性が考慮されている。

石川島重工業の社史には、簡単に水陸両用車についての記載がなされている。

三菱、スミダの競作

●水陸両用戦車・SRI号（イ・ロ）車

石川島製水陸両用戦車

昭和八年、三菱重工と石川島が水陸両用戦車を製作した。これは電力や土本、建築協会から寄贈された陸軍学芸技術奨励金で作られた。

各一両が作られ、SRイ号車、SRロ号車と命名、翌昭和九年八月、荒川放水路赤羽橋付近でその命名式をかねたテストが行なわれた。

水中での航行方法はSRイ号車は二基のロータリーポンプを使用し、ハイドロジェット推進方式を採用したもの、一方の石川島製SRロ号車はスクリュー・プロペラ式であった。

形状はやや角ばった車体で、キャタピラ上部までかぶさり、水中での浮力を多くしている。

足まわりの懸架装置は八個の下部転輪、三個の上部転輪で砲塔には車載機関銃一、砲塔の前には半円型カバーがつき、展望窓がついている。

車体前には波除がつき、吃水線上部に折りたたまれ、水中航行時はこの波除けを立てて吊鈎で支え、水が前方から入らないようになっている。

ＳＲイ号車の水中航行は吃水線近くまで水がかぶり、車体上面が水から出ているような状態であった。

共に水中走行は成功したものの、水陸両用走行のデータを得ただけで制式採用にはならなかったが、昭和十二（一九三七）年に日華事変が勃発すると、戦車部隊の一部に配属されて大陸に渡り、京漢沿線の戦闘に参加した。

ＳＲイ号水陸両用戦車

●ＳＲⅡ号・ＳＲⅢ号車
昭和九年四月十八日、石川島自動車製作所（スミダ）で、水陸両用戦車ＳＲⅡ号が完成した。
エンジンはスミダ製のＣ６型を使用し、クリーク渡渉用を目的としていた。
水陸戦車の型式はＴＤ、
本車の形状は不明だが、三菱・石川島製のＳＲＩ号車とは別の外観をもっていたと推定される。

全長五・〇八〇メートル、全幅一・八八〇メートル、全備重量四・〇〇〇トン、乗員三名。能力は最大速度陸上で毎時四〇キロ、水上で八キロであった。陸軍からの要望が水上毎時六キロであったから、それ以上の能力を発揮したといえる。

SRⅢ号水陸両用戦車

昭和十一年十二月八日、SRⅡ号車に続いて石川島では、Ⅱ号車を改良した水陸両用戦車を開発した。おそらくⅡ号車の水陸テストになんらかの不備があったものと思われる。

水陸両用車の改良型式はTH型、エンジンはC8型を使用し、水上航行テストでは毎時九キロという成績をあげた。

陸軍は、水陸両用戦車の要望をさらにあげ、昭和十四年に前のSR車を改良したSRⅢ号車を完成させた。

車体形状型式はSA40型、エンジンはDB20を搭載し、水陸両用戦車の標準型とした。

外観は、キャタピラ上部をカバーした車体形状で、角ばった砲塔には一三ミリ車載機関砲一門、車体前方左側に七・七ミリ車載機銃を配置した。
車体全体は水密構造とし、砲塔のハッチはドーム型を採用、前方に波がかぶるのを防止するために水中航行時は下からせり上がるような構造をとっていた。
SRⅢ号車のデータは次のようである。
全長四・二〇〇メートル、全幅一・七五〇メートル
全高一・九〇〇メートル、最低地上高〇・三〇〇メートル
全備重量三・八五〇トン、機関ガソリン空冷直列四気筒、武装七・七ミリ車載機関銃一梃
最大速度陸上四八キロ/時、水上九・三キロ/時

軍部からの多大な要求

昭和十四年二月、大阪の城東練兵場で各種兵器の献納式に続いて、水陸両用戦車の水中航行が行なわれた。

使用されたのは中国の広東戦で鹵獲したイギリスのヴィッカース社製造のカーデン・ロイドM1931水陸両用戦車で、戦場では日本軍に対して大きな脅威とはならなかったものの、日本軍将兵と兵器技術者に大きなショックを与えるほど優秀なものであった。

本車は二人乗りで、車体後部に水上操縦用の舵とスクリューがつき、また車体両側には補助浮力を確実とする履帯ガードを兼ねる金属でカバーされたバルサ材のフロートが装備され

ていた。

この戦車を完全な形で捕獲すると、直ちに日本へ送り、水陸両用戦車の研究資料とした。

水陸戦車の水中航行は当日の呼び物で、陸上走行からそのままの状態で水中に入って航行し、上陸も難なくできるなど、当時としては至難と思われていたことを自由に行ない、観客ばかりでなく兵器関係者もおどろかせた。

続いて、同年七月七日、東京の多摩川で水陸両用戦車のテストや訓練を兼ねた攻防演習が陸軍や一般市民に公開されて行なわれた。

この演習に参加したのは石川島製作所で製作された、半装軌式水陸両用車をはじめ、三菱製の九二式重装甲車型の水陸両用車、陸軍自慢の秘密兵器であったSRⅡ号とSRⅢ号車、それと中国から捕獲したカーデン・ロイド水陸両用戦車であった。

各戦車は陸上から水中へと走行し、さらに水中ではその機能を充分に発揮して、陸軍や一般観客にも水陸両用戦車を国防兵器として認識させた。

特にカーデン・ロイド水陸両用車やSRⅢ号戦車は陸軍に大いに期待され、当初は生産が計画されたものの、軍部ではさらなる研究開発が必要という声があったため、試作のみで制式化にはならなかったのである。

さらに、同年のノモンハン事件では、ソ連のT37A軽水陸両用戦車がハルハ河を渡って攻撃してきたため、日本軍に大きなショックを与えた。

このT37Aもまた日本軍に捕獲され、国内でテストを行なった結果、優秀性に関係者も目をみはったといわれる。

また昭和十八年や戦争末期にも日野重工などで水陸両用戦車が試作研究されたが、これらも制式化にはならなかった。

双頭のくろがね馬

●戦車と同じ鋼鉄の軍用車両——兵器を持たない軍事軽便SL

戦車とおなじ鋼鉄の軍用車両でありながら、殺傷兵器でないためすっかりわすれられてしまった日本の軍用軽便機関車群、その中にとくに変わった形式の陸軍鉄道連隊の双合機関車がある。この軍用スチーム・ロコモーションは頭、つまり機関車が二台あるため「双頭の鷲」ならぬ「双頭のくろがねの馬」のニックネームをもっており、興味ぶかいその生いたちと活躍を述べてみよう。

日本陸軍の鉄道部隊

日本陸軍に鉄道部隊が発足したのは明治二十九（一八九六）年、日清戦争後のことである。当初、陸軍士官学校にうぶ声をあげたが、その後、鉄道部隊は東京・中野にうつり、日露戦争後の明治四十年には千葉県の津田沼へと移転した。大正八年になって、第一鉄道連隊と鉄道材料廠を千葉におき、第二鉄道連隊を津田沼に駐屯させている。

第一次大戦には青島《チンタオ》要塞の攻略戦にくわわり、臨時鉄道連隊として青島の労山湾に上陸し、攻城器材の揚陸と火砲の輸送にあたり、ドイツ青島駐留軍への攻撃をかげからささえた功績は多大なものがあり、陸軍内部にも鉄道部隊にたいする認識をふかめたという。

中国から内地に帰還してからは、千葉の第一連隊と鉄道材料廠と津田沼の第二連隊とをむすぶため、津田沼と千葉間に軽便鉄道を敷設した。その軌道は千葉市北郊の鉄道材料倉庫を中心に八キロメートル、一七キロメートル、四・七キロメートルの三本の路線をしいた。この線は現在、新京成電鉄が使用している路線も一部ふくまれている。

昭和九年に満州ハルピンに鉄道第三連隊が配置され、国内の陸軍軽便鉄道装備はほとんど満州へ移動し、ソ連国境ふきんの築城建設用として活躍した。

軽便鉄道の器材

陸軍の鉄道隊では最初、土木作業に使用されていた「亀の子」と愛称されていたバクナル社の軽便機関車を購入したが、蒸気の上昇もわるく、牽引力も弱かったので鉄道兵の教材として利用するしかなかった。

軽便鉄道に敷設するレールはドュービル式といわれるもので、あらかじめ一定の軌間にしたがって、枕木にレールを固定したハシゴ状の軌匡《ききょう》である。

初めフランスで発明され、フランス陸軍がこれに目をつけて要塞用に使われたのが最初である。

このポータブル軌匡は、直軌匡、曲軌匡、転轍軌匡の三種あるが、直軌匡と曲軌匡はともに長さ五メートル、転轍軌匡は長さ一〇メートルで、いずれも六〇センチの軌間となっている。

各種の軌匡とも一対角線端に一対の挟接板《きょうせつ》がつき、それぞれ四コのボルトで両軌匡を接続する。そのほかには手押し式軽便鉄道用の軌匡もあった。

●双合機関車

外国でツイン機関車と呼ばれている機関車は、同一の単独機関車A号、B号を機関室を相対向きにして連結したもので、日本陸軍鉄道連隊では「双合機関車」と呼んでいる。

そのデータはつぎのとおり。

全長　約八・二四メートル
空重量　一三トン
実重量　一五トン四キログラム
水容量　一八〇〇リットル
炭載量　六〇〇キログラム
牽《けん》引力　二〇〇〇キログラム

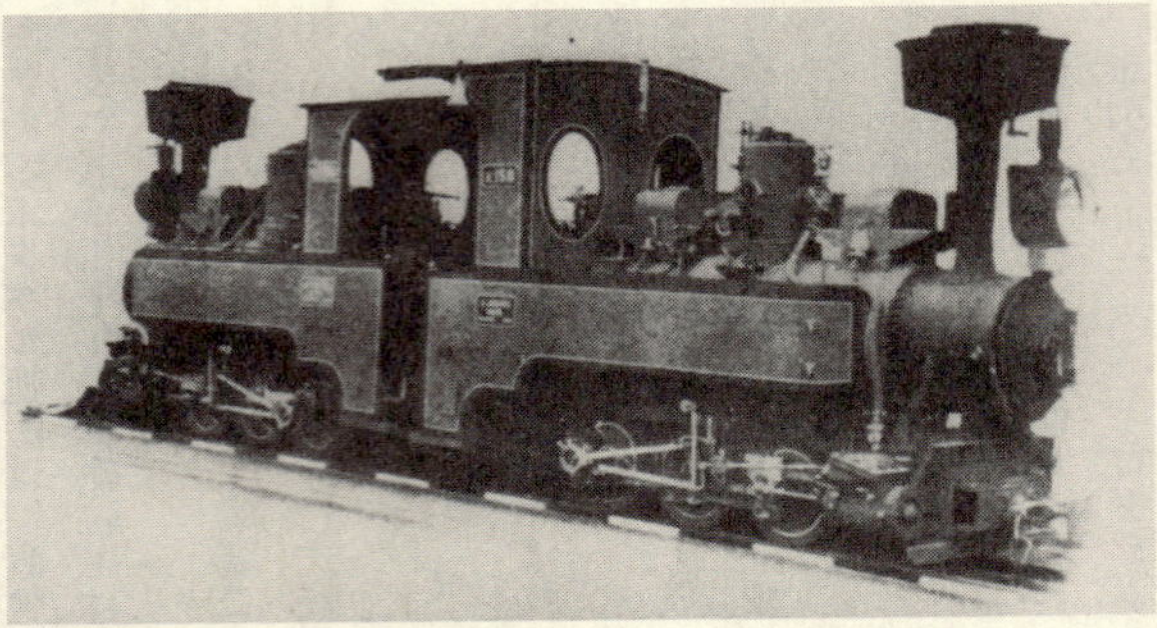

軽便双合機関車

軽便双合機関車の見取図

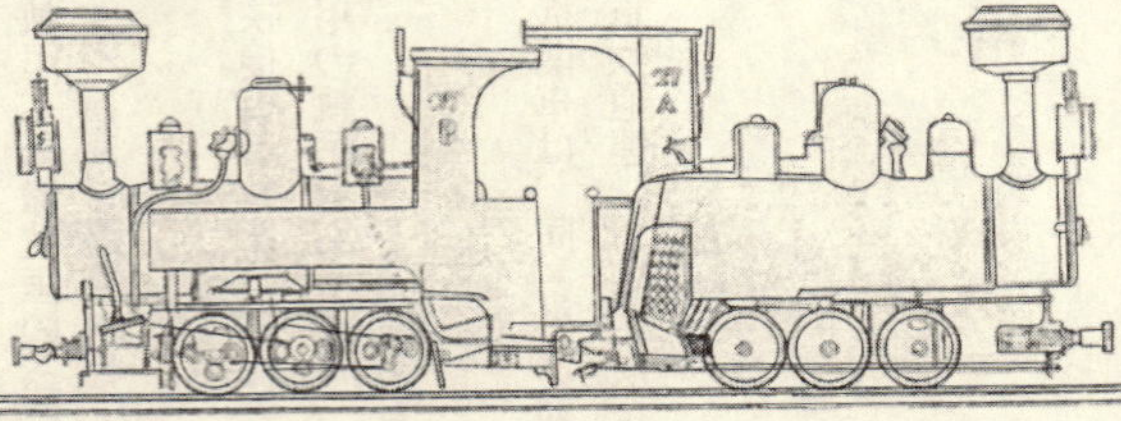

双合機関車は各鉄道兵機関手、助手をあてて運転を行なっていた。この双合機関車の利点は、機関車自体がかるいので運搬にはべんりであり、また脱線してもすばやく復線できた。

そして急なカーブや、急勾配もよういに運行可能で、重量が以外とかるいため、地面が不整な軽便軌道でも難なく運転できることであった。

ただし、ぜんぶがよいことずくめではなく、欠点として1／18以上の急勾配線路では、その構造上から相対双合連結はむりで、ふつうの機関車を二両連結することと、煙突を高位にして運転することが注意書きされており、そのときは長い勾配線でも積載車三両まで牽引する力をもっていた。

急勾配線で走らせると二両相対の場合、低位の機関車のクラウンプレートおよびチューブプレートの缶の水がなくなるおそれがあった。

その他、双合機関車を分離して使用する場合は、A号機関車のフートプレートおよびA・B号の連結機を有するバッファー（緩衝器）はべつに装備しておく必要があった。

双合機関車が一般の機関車とことなるところは、特別装備として揚水器（インゼクター）をもち、給水設備のない線区でも川や、小さな沼地などから水をすいあげたり、他の部隊への給水なども利用できるホースを携行し、これをドーム型砂箱にグルグル巻きにして走行した。

揚水器はボイラーの発生した蒸気を利用して汽缶内に注水する装置であった。

この双合機関車は日本製ではなく、ドイツからの輸入車両で、商社を通じて購入した。これらの当時のメーカーはハノマーク社、クラウス社、コッペル社、ハルトマン社、シュワルツコップ社などで、いずれも海外へ機関車を売りさばいていたものである。

●ペショ型軽便機関車

これはドイツ製の双合機関車とともに、第一次大戦にフランス陸軍が、戦時軽便鉄道用として開発したものだが、ペショ型はダブルボイラーをもちいるため、双合型のように二両分割は不可能なタイプであり、火室の焚口《たきぐち》が左右にあり、機関手と投炭手が左右向きあったかたちで走行するので、さすがの日本鉄道兵たちもこのペショ型には手をやいたようである。日本で使用したペショ型軽便機関車は、フランスがアメリカのボールドウィン工場に依頼して製作したものを買いもとめたもので、日本では第一次大戦後、国内の海岸砲台建設用として使用されたが、数は少なかったようである。

●五軸機関車

陸軍で使った五軸軽便機関車は、ふつうの機関車を小型化したタイプで、急カーブや急勾配にたいする貨車の牽引は、毎時平均一二〜一三キロの速度で容易に運転できたが、実際に使用してみると脱線や転覆事故が多く発生し、のちにボイラーの中心をさげ、缶上ドーム型砂箱をのぞき、左右のデッキに移動し、煙突もやや短く改良された。

この日本名「五軸機関車」は正式にはE型といい、第一次大戦中にコッペル社のグスタフ・ルッターメラー技師が開発した機関車で、第一次大戦では兵器や軍需品の輸送にもちいている。

他のE型機関車も日本陸軍のお気に入りとなり、鉄道連隊がそっくり採用、大正十年に二一両買いもとめ、国内の海岸砲台建設用とか、兵器軍事資材の運搬に従事させた。

その後、わが国も昭和四年からは、外国軽便機関車から脱皮し、日本独自のアイデアによる軍用軽便機関車N一型、K二型などを開発して、昭和十二年の日中戦争では鉄道第三連隊のもとに国内の双合機関車、五軸機関車も送りこまれ、ソ満国境の虎頭山要塞トーチカ建設や、国内の風船爆弾放射基地など広範囲に使用された。

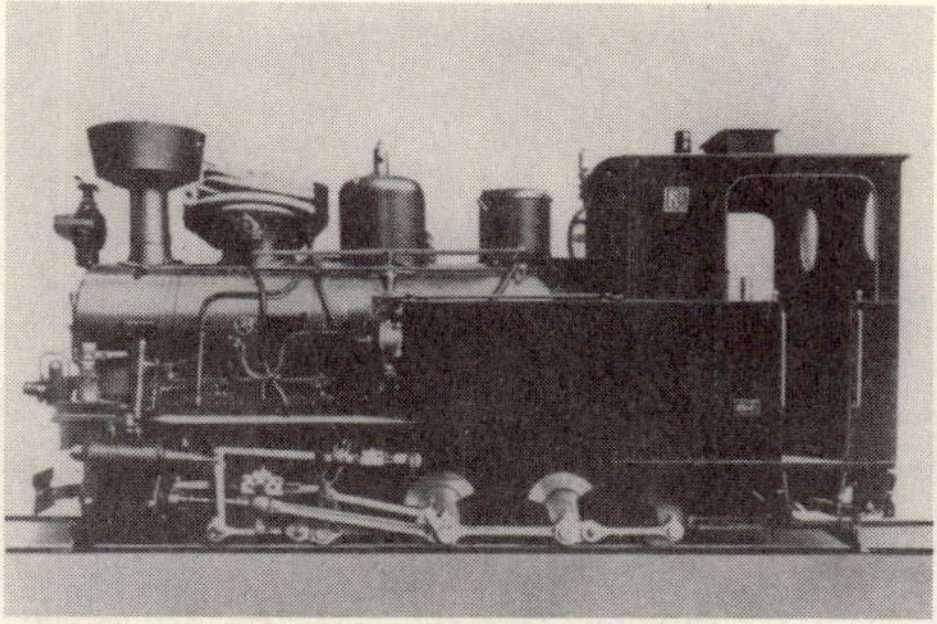

五軸機関車

軽便炭水車の効用

機関車を動かすには、石炭と水は欠くことができない。そのため軽便炭水車を独自で開発し、双合型、五軸型を長距離運転するさいには、軽便炭水車も随伴した。炭水車をともなわない場合は二時間しか運行ができないが、炭水車をともなうときは燃料や水の供給ができるので、六時間の運行が可能であった。

炭水車のデータはつぎのとおり。

全長　約五メートル
空重量　二トン八五キログラム
実重量　七トン
容水量　三一五〇リットル

軽便台車を利用した側板車で、鉄道連隊のマークがついている

軽便炭水車の見取図

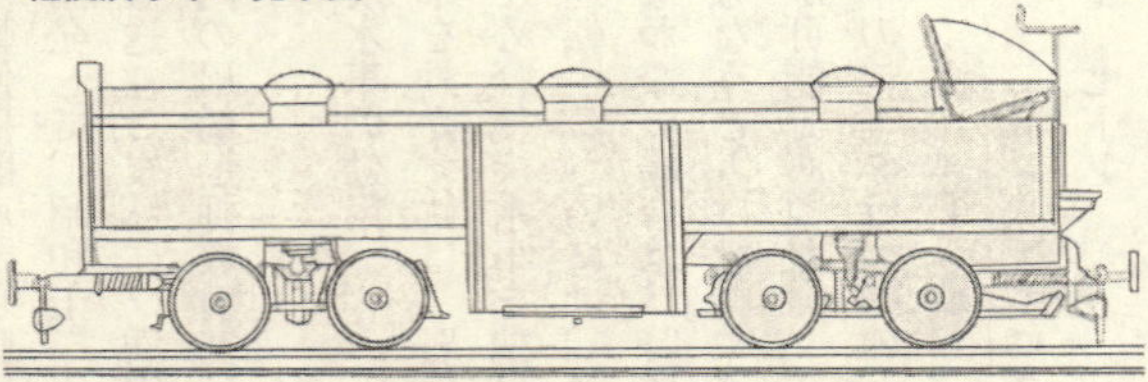

軽便5トン貨車の台車を組み合わせて重砲の砲身を輸送する要領

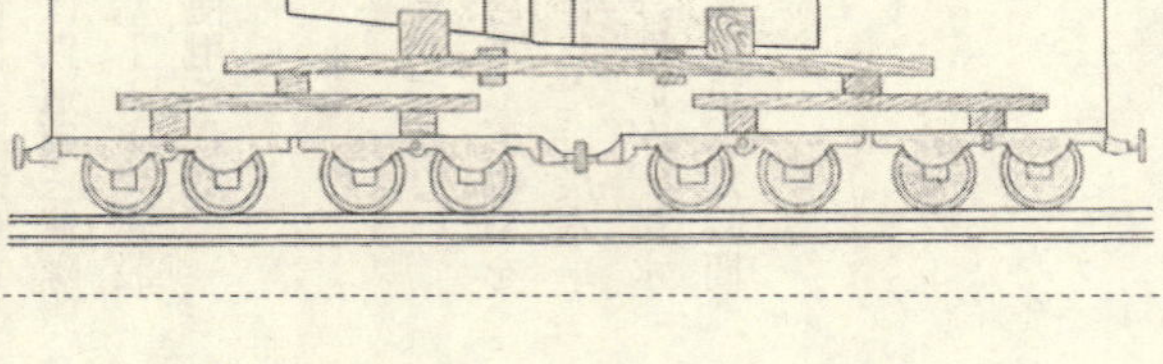

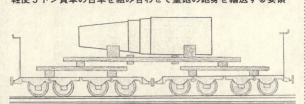

載炭量　一トン

その他、軽便鉄道の制式貨車として、軌匡車に側板をとりつけた五トン貨車があり、軌匡車と側板車は軌道機材をつみこんで、その輸送や軍需品の運搬にあたることになったが、ともに戦場においてすぐに分解・組み立てが自由にでき、とくに野戦では、軌匡に底板のみを装置して（底板車ともいう）、分解した火砲を搭載してはこぶ場合は、その前後にそれを使う砲兵部隊を満載した側板車を、そして中間には軽便車両の各台車のみを連絡し、それに制動機を装置して輸送する場合もあった。

軽便鉄道連隊の戦闘

日本陸軍は、日露戦争にさいして、大量の軽便鉄道機材をドイツに発注した。双合機関車の場合は、一八八組が明治三十八年に輸入されている。

これはコッペル社が日本陸軍に依頼され、イリス商会を代理店として受注したわけだが、このコッペル社だけでは、にわかにその数を生産することが不可能で、数社にわりあてて製造したことがあきらかになっている。

納入は一八八組（三七六両）で、これに双合機関車二組にたいし一両の炭水車が用意された。

双合機関車の教育は、フランス陸軍が使っていたマニュアルを日本語になおして使い、あとで日本流に『軍用軽便鉄道教範草案』を制定、これで双合機関車〝くろがねの馬〟の教育にあたった。

陸軍の鉄道部隊が使った双合機関車や五軸E型、およびN一型・N二型など、一連の軽便機関車は国内ばかりでなく満州に送られ、使用されたが、重砲や戦車のようにハデな対敵戦闘記録はあまり残されてきない。

これは殺傷兵器でない面もあるが、中国戦線での運行、とくに軍需物資や兵器の輸送時には、どこで知ったかその運行を察知した中国軍ゲリラ（便衣隊）や、対日抵抗ゲリラなどがさかんに脱線をくわだてたり、列車襲撃をしたり、また馬賊におそわれることもしばしばだったようである。

また昭和十四年のノモンハン事件のころは、ソ連偵察機に攻撃をうけたこともあり、それとゲリラ攻撃をさける必要性から、その地帯の通過はつとめて昼間にかぎられ、敵の飛行機からの攻撃を予想されるときは、夜間運行をよぎなくされたという。

双合型、五軸型機関車の装備は、列車運行表と勤務用大型懐中時計、笛、手旗、合図燈などで、機関手および助手は肩から下げた十四年式拳銃と、腰には銃剣をつけたスタイルで乗りこんだが、忍者のような中国の便衣隊にはつねになやまされた。

ただ、これに鉄道兵・歩兵などが護衛としてつく場合、小銃か機関銃を装備したので、うっかりちかづき日本軍の射撃の的になるといったこともあったという。

野戦医療車

●過酷な戦場に不可欠なレントゲン車や手術車などの救急車両

シベリア戦傷兵の救急

我が国の衛生・患者輸送のはじまりは、大正七（一九一八）年に起きたロシア革命がその発端である。日本のシベリア出兵は理由なくして行なわれたものでなく、イギリス、アメリカ、フランス、イタリアおよび支那（中国）との共同作戦をとる必要から発した。日本はこれらの国と連合を結んでおり、一つはロシア革命の赤軍（過激派）の東進に対して朝鮮国境を保全し、かつ居留民の安全を保護する目的でシベリアに兵を送った。

こうしたことから、出兵当初は少なくとも一個か二個師団出兵程度であったが、四月に暴徒が日本の居留民数名を殺傷した事件があって、海軍は軍艦「朝日」と「石見」をウラジオストックに派遣、両艦から陸戦隊が上陸してこの保護に任じていた。これに対して赤軍は勢力を増強して東進する形勢にあったので、陸軍の一部では機先を制して過激派軍を極東ロシアから掃討し、我が国の国防を保全すべし、という意見も多かった。

大正七年七月上旬、日本はアメリカから共同出兵の話があった。目的はチェコ・スロバキア軍を救助することであった。チェコ軍は第一次大戦でロシア軍の捕虜となり、戦線に送られるとロシア軍がドイツに降伏したため、これを救出してシベリアの赤軍（過激派軍）を撃破し、チェコ軍帰国の道を開いてやることであった。

出兵した日本軍はロシアの過激派軍と戦い、しかも兵力不足と戦略不徹のため、尼港虐殺事件や田中、石川大隊の全滅などの惨事が続き、陸軍は急遽、これに対応する救急医療車をシベリアに送ることになった。

陸軍はただちに軍の医療や患者輸送の自動車を国内に求めたが、当時我が国の自動車産業はやっと目ばえたばかりで当抵これに応ずることがむずかしく、七年十月、アメリカに二台の患者輸送車を注文したが、到着には少なくとも六ヵ月がかかり、急速な需要をみたすことはかなわなかった。

こうしたことから陸軍は同年十一月にアメリカのリパブリック社から貨物自動車一〇両を購入、これを患者車に改造しシベリアの陸軍病院に送った。この車は二トンのトラックであったが、後部に車室を作り、重傷患者四名、軽傷者八名を定員とし、シベリアは特に寒さがきびしいため、車内に暖房設備をほどこした。

車体を患者車に改造することは、東京砲兵工廠と熱田兵器製造所が行ない、約三ヵ月をも

シベリアの陸軍病院に送られた衛生部隊の患者輸送車

って完成、大正八年シベリアに送った。これが我が国が患者自動車を改造製作した始めである。

陸軍軍医部と陸軍衛生材料廠は、シベリアの医療関係を調査すると共に、戦いの情況変化に合わせて、各種の衛生自動車をシベリアに送ることに決定し、ただちにこれに着手した。

まず先の第一次大戦時にヨーロッパの戦場において使用した、各国の医療用衛生車や特殊自動車を検討した結果、その中からX線放射自動車、細菌自動車、衛生自動車および外科病院自動車などの車を購入する必要性をみとめ、イギリス、フランス、イタリア、アメリカにある日本の駐在武官に連絡して交渉にあたらせ、購入をすることになった。

海外から買い求めた自動車は一般に形状が大きく重量もあり、シベリアの不毛の地を走らせるには道路やその地の橋梁にも配慮する必要があったため、日本についた時点で、これの改良を施すことになった。

車両の改修作業は東京瓦斯電気株式会社、および日本自動車に命じて改良製作することになった。また一部のものはそのままシベリアに追送し、ほかに内地の衛戍病院にも配置した。

海外より購入の衛生車両

海外より買い求めた車両は次のものである。

イギリス　タルボット患者車　一〇両

イギリス　X線放射自動車　三両

右車はX線放射機材をのせ、車内はレントゲン写真現像室と作業機械室とに分かれ、使用時は暗室用テントを車の後尾に展張し、また折りたたみ式ベッド、異物測定器を備えた管球支持台などを装備している。

イギリス　ステーブンス衛生車　一両

理化学試験に要する一切の器具材料をのせ、車室内には作業机、棚、折りたたみ式イスなどを設備し、計測器具や薬品なども搭載。

イギリス　ステーブンス細菌車　一両

車内で諸作業ができる衛生試験車と似ていている形状で、各種滅菌器や各種衛生検査器具を装備している。

フランス　ルノー患者車　一〇両

フランス　ルノー衛生試験車　一両

フランス　ルノー細菌検査車　一両
フランス　ルノー外科病院車　一組
ルノー社で製作されたこの車両は、野戦において外科病院を構成できるもので、その内容

(上)ルノー患者車
(中)フィアット患者車
(下)フィアット患者車内部

は医療材料車（大九両、小二両）と滅菌車一両、X放射線車一両とトレーラー式材料運搬車七両を組み合わせて、一個の野外病院を構成した。車両の積載品は大型テント六、小型テント一〇、組み立て式手術台一、車両間を結ぶ組み立て式廊下一、簡易ベッド一〇〇個、炊事装置一式、その他医療品行李などであった。

これら車両と積載品を組み合わせて外科病院を開設した場合は、傷者収容部一、病室五、手術室一、事務室四、薬局一となり、病室と手術室は廊下でつながり、手術室はレントゲン室を有して滅菌車を付近に置いて各種の消毒などを行なった。これらの室には電気や暖房もあり、特に冬季のシベリアでは画期的な衛生車両であった。

その他の車にはイタリアから購入したフィアット製の患者車一〇両、アメリカからは、プレミア社製患者車二、シボレーのX線放射車一を購入、これらも改良の上ただちにシベリアの派遣軍に送付された。

これらの医療衛生車のうち、シベリアで使用されたルノー製の外科病院車一セットの活用はもっとも評判が良く、将来の医療自動車として各国に注目され、日本陸軍でもこれを参考に野戦の医療システムが見直され、日中戦争や太平洋戦争でも同様な医療システムの車両が使用されることになる。

●内地における医療車両

日本はそれまで医療にレントゲンを重視していなかったが、シベリア出兵でそれの効果が現われたので、これを製作することになり、大正七年九月、岩崎小四郎二等軍医正が主任となり、アメリカのGMCトラックの車体を利用してX線放射車を開発した。

ハドソン型患者乗用車

本車は車のガソリン発動機によって直流発電機を動かしてX線放射を発生するもので、運転台の後部に発電機を置き配電盤を備えた。車内はレントゲン室とその現像室とした。この成功により、その後に直流のもの二両、交流電流のものを一両製作した。

患者輸送用は、リパブリック製のトラックを改良して製作したほか、ナショナル、ハドソン、ビュイックなどの乗用車を用いて患者輸送車とした。

外科病院車は、フランスの病院車の形式を参考に、特に手術室用のバラックテントや滅菌車には色々な長所を取り入れて製作し、収容定員も一〇〇名ほど予定し、携行医療材料は主に病院用の医扱《いあつかい》を充当し、簡易ベッド数量なども省略し、トラックの数を少なくした。

日本のシベリア出兵が長びくにつれ、ロシアの過激派軍との戦争が各地で激化し、それによって戦傷者や冬季のため か凍傷などの傷病兵が増大した。これに対応する必要から、傷病兵を輸送して後方病院において治療させることが急がれ、患者を輸送する患者車が必要になった。

●患者輸送車の製作

出兵部隊からの要求で、急ぎ患者輸送車を製作することになったが、国内での基本的な車の開発が本格的には進んでなかったことから、海外から輸入した車体を利用してこれに患者を乗せる構造を製作するしかなく、車室の構造、担架の形式や担架の吊載および固定方法などの研究をしながら試作を進めることになった。

患者自動車の主な仕様は次のものである。

一、車室、車体は箱型で出入口はいずれも後部両開ドアとし、窓は前面に一～二個、側面に二個設置、また後部ドアにも二個の窓をつけ、これらの窓は上下開きや引戸、冬季間でもあり二重のものも製作した。

二、担架の構造＝リパブリック車には陸軍の制式担架を応用したが、その他は車体の長さや制式担架を乗せるにはやや短く、これらは各車体の長さに合わせて、折りたたみ式や半床式にしたものもあった。

三、担架の吊架方法＝車内の担架は上下二段とし、通常四個の担架を乗せた。吊具には円形のバネや吊輪をもちい、担架の出入りを楽にするため、下に滑走装置を取りつけた。担架の固定方法は、走行中担架の動揺を防ぐため把手を車室の側面に固定してバネを取りつけて、動揺を防ぐことにした。車の走行時の動揺は傷病者に大きな苦痛を与えるので、走行時の動揺を防ぐのが大きな課題となっていた。

ハーレー・ダビッドソン患者オートバイ

車室内の患者を座らせるイスは折りたたみ式とし、必要のない場合は側面にたたんでおくような構造とし、もし重傷者が多い場合は、これを伸ばして組み合わせ、ベッドに早変りもできたが、利用する車体構造によっては折りたたみ式のイスを設置することができず、これには固定式のイスを取りつけた。

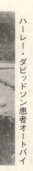

側車付オートバイ＝アメリカから輸入したハーレー社とスタンダード社のオートバイの側車には、担架に乗せたまま患者一名を運べる構造で、側車にはカバーをつけて直接外気とあたらないように配慮したものである。これは第一次大戦時にヨーロッパで製作した方法を採用した。

こうして日本国内で改良した車と、海外に発注した車の到着をまって、シベリア各方面にこれを送付した。この患者車により、シベリアで困難であった傷病兵の輸送もスムーズに行なわれることになり、多くの傷病兵の命をすくうことができたのである。

満州事変の患者輸送

昭和六（一九三一）年、満州事変が勃発し、多地に戦線が拡大すると共に、ここでも戦闘による傷病兵の数が多くなり、また各作戦地域からの患者輸送が問題となった。陸軍軍医部は、シベリア出兵時での医療用衛生車両を開発した体験から、海外からトラックを輸入して患者輸送車を製作することになった。この頃はやっと日本の自動車産業も自前の車を作れるようになっていたが、それらを医療の車に改造して生産ラインに乗せることなどまだまだ無理な状況であったから、海外から購入したトラックを改造した方がずっと効率がよかったからである。

満州事変の患者輸送は主に関東軍が実施した。作戦地域は満州全土に拡大したが、輸送機関として、鉄道や飛行機を使うことができたので、シベリア出兵ほどには苦労がなかったものの、山地帯や僻《へき》地では道路の不備や不整地が多く、また一般に雨期には道路がぬかるみ、泥濘地と化している個所が多く、傷病兵の後送手段には困っていた。

海外から購入した患者車および国内でトラックを改造して患者輸送に用いた車両は次のものである。この中には乗用車を利用して患者乗用車としたものもあった。

◇患者輸送車＝ホワイト型、ホワイト中型、ハドソン型、ナショナル型、タルボット型、フィアット型、モーリス型、インデアナ型、インデアナ大型、プレミア型、シボレー型、シボレー大型、ルノー幌型、フォード型
◇患者乗用車＝ナッシュ乗用型、ナッシュ小型、日本製六甲大型、同中型車
　この他にも、手術車一組、滅菌車、衛生材料車および除毒車なども現地の衛生部隊や野戦病院などに配備された。

　満州事変はその作戦地域や戦況、地形、大陸特有の気象によって、日本軍がこれまで体験したことのない病気が多く、衛生部隊は困難をきわめた。

　これらは北満の解氷期や雨期、それに夏季の炎熱時において、コレラやチフスなど病気が発生したため、陸軍の軍医学校から石井四郎軍医正が防疫研究室で研究していた、防疫関係の車両を戦地に投入、これによって現地に発生した疫病をおさえることができた。

　この時の功績によって、後の石井部隊が大きくなって行く結果となったのは後日談である。

　防疫車として満州に投入されたのは、石井式無菌濾水車（大型車七両、小型車二両）、同じく馬で曳く輜重車二両であった。この他にも関連した車両は、除毒車三両編成一組、衛生車二両編成一組である。

●上海事変の救急車

昭和七年、満州事変に続いて中国の国際都市・上海で事変が勃発した。上海事件の大半は市街戦であったので、海軍の陸戦隊がこれにあたったが、陸軍でも上海派遣軍を編成してこれにあたらせ、戦争による傷病兵救出のため戦時編成の衛生機関を設置して、患者輸送業務を行なった。上海は当時各国の居留民が住む国際都市で、主要道路も広く交通には便利だったが、中国の便衣隊（ゲリラ）が多く、日本軍の車両とみれば攻撃をしかけてくることが多かった。

これに対し日本軍は、患者車を防護するため防弾設備をほどこした患者車を製作して対応した。

また上海市街には多くのクリークが市街地を流れており、これらの橋が落とされると、患者を乗せた車両がストップし、この水路を利用して小舟による患者輸送を行なわなければならなかった。

上海の呉淞鎮付近の戦闘で負傷した兵士は、海軍の陸戦隊や海軍艦船などによって救出され、陸戦隊の患者車によって運ばれたが、上海市街地は中国軍のゲリラが多く、弾の飛びかよう市街地を走らなければならなかったという。

日本陸軍の野戦救急車は、シベリア出兵の戦傷者を運ぶために開発され、昭和期には満州事変、次の上海事件と体験し、戦場を走る救急車として完成して行くことになる。

患者輸送機

●後方軽視ではない日本陸軍の赤十字を描いた空飛ぶ天使

患者輸送機のルーツ

戦闘や病気で傷ついた兵士を、いち早く後方の野戦病院に輸送する場合、飛行機を使えば自動車よりも早く、患者に大きなショックを与えず病院に到着させることができる。

このような考えから、一九一二年にフランスの婦人協会理事ドクトル・ツツソーが、飛行機による患者輸送の演習をこころみたのがその実用化のはじめである。

その後、一九一五年の第一次大戦で連合国側のセルビア軍が大敗し、地上輸送できなかった一三名の負傷兵を、フランスのパイロット、タンゼルゼー大尉とボーマン中尉が敵前着陸の危険をおかしてこれを収容し、プリセントからスキュータリーまで空輸して、無事救急の目的をはたし、彼らを捕虜にされることから救った。

これが飛行機を実戦の患者輸送に利用した最初であり、これをきっかけとして各国も患者輸送に飛行機を採用することになり、イタリアやドイツは正式に「衛生航空機」を製作するようになって進展した。アメリカでは一九三〇年に航空事故が多発し、これの救難医療を目的に、陸軍航空隊内に救急輸送機を配備させた。

わが国で患者輸送機の採用を思いついたのは、航空医学の先覚者として知られた寺師義信中将である。寺師軍医はまだ中尉の頃、航空医学を研究していたが、その理論を実践に移す手初めとして大正十二（一九二三）年、患者輸送機の製作を思い立った。

戦場で重傷を負った将兵を、後方の病院へ運ぶには飛行機より適正なものはない。重傷者にとって一番大事な治療までの時間が少なくてすみ、車や列車のような動揺も少ない。また輸送途中の苦痛の少ないのはともかくとして、もう一足早かったなら手術に間に合うものをという、手おくれの事態をくり返さなくてもよくなる。

フォッカー患者機で傷病兵を後方へ

こういう寺師軍医の着想はただちに陸軍上層部に報告されたが、それまで例がないとして一部から強く反対されて、なかなか実現はしなかった。それでも彼はあきらめず、チャンスあるたびに患者輸送機の必要性をとき、これを強調しつづけた。

ユンカースとドルニエ

こうした寺師軍医の熱意にほだされたものか、陸軍も彼の主張をみとめ、大正十四年、ドイツから購入したユンカース輸送機を一機、研究のため提供された。

この機は当時、画期的な全金属製機として注目されており、その名称は「ユンカースJF－6小型輸送機」で、使用目的から旅客機と呼んでいたものである。ユンカース機は、大正十二年（一九二三）に輸入され、乗員二名のほか乗客四名を乗せることができたが、陸軍では高級将校用の連絡機として使用され、また一種の航空参考品としてもあつかわれていた。

陸軍航空本部は、前々から寺師軍医から要望のあった「患者輸送機」の研究のため彼に与え、寺師軍医は航空本部技術部と機体を検討の上、機内の設置器材を取りはずし、彼自身新たに設計した患者収容室に作りかえたのである。

完成は翌十五年であったが、本来の機体外形は変化させず、内部は重傷患者一名のベッドと軽傷患者二名を収容することが可能で、そのほか治療にあたる軍医と看護長の座席、担架、医療具も搭載することができた。

こうして出来上がった患者輸送機は、寺師軍医の意向で軍だけでなく民間でも利用しようと考え、東京の名士を三〇〇名ほど所沢飛行場に招いて、同機の公開展示を行ない、また希

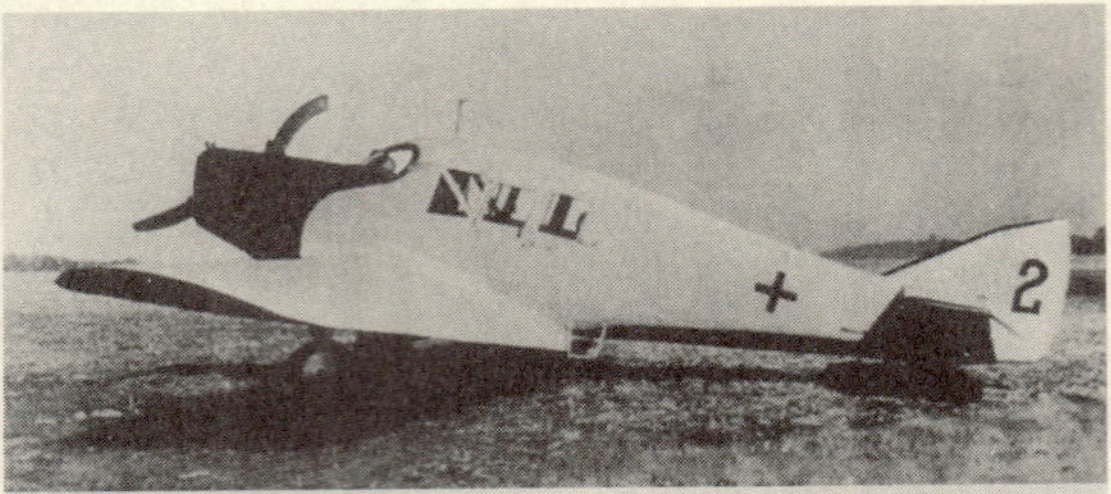

(上)ユンカースJF－6患者輸送機
(下)ドルニエ・メルクール患者輸送機

望者には、これに空輸された患者の気分を味わわせ、好評を博した。

ちなみにユンカース機の全金属製構造は、のち陸軍の金属機設計上大きな参考となった。

昭和六年九月、満州事変が勃発、飛行第四、五、七連隊などの一部で偵察、戦闘、軽爆の三個独立飛行中隊が臨時に編成・派遣され、満州各地を転戦、活躍した。

満州事変の地上戦闘で傷ついた将兵を運ぶには、主に軍用患者車や列車を利用していたが、広大な満州の作戦地域をカバーすることは不可能で、飛行機による救急患者輸送が望まれた。

これに対応して、寺師軍医からも次期患者機を要求されていたところから、陸軍も次の患者輸送機を作ることになった。機種は当時、川崎造船所で所有していたドイツ製のドルニエ・メルクール輸送機を、国民の献金により買い上げて、これを陸軍の病院患者輸送機とすることにした。

衛生機への改造設計は寺師軍医正が行ない、神戸川崎造船所の飛行機部工作所を指導して改造したもので、特に防音、換気、保温に注意し、医療設備を搭載し、人員は正、副操縦士のほか軍医、看護長各一名も搭乗することができた。

機体内は重傷患者（寝台）二名、軽症患者（座席）二名と、さらに機体後方を左右に分け、右側は薬品室と医療器具室、左側にはトイレと手洗装置がつく。

また、室内の保温は、外気を左右のマフラーに導き、ここで加熱した空気を機内に入れ、一部を操縦者席の下方に導き、操縦者の保温にも応用、さらに防音効果を上げ、機関の騒音を患者に与えないよう工夫していた。

本機は昭和六年十二月に完成し、翌七年一月十日、愛国第二号機と命名され、ただちに満州に出動、主にハルピン～奉天間の患者輸送に活躍し、約四〇〇名の負傷者を運んだといわれる。

中島フォッカー機

フォッカー第四〇患者輸送機は、ユンカースやドルニエ患者機の経験をもとに陸軍軍医部

愛国94号

の注文で購入したフォッカー・スーパーユニバーサル輸送機を改良、これに新たなこころみを加えたものである。

指導は寺師軍医正、製作は中島飛行機が担当した。改造は昭和七年二月～七月上旬までかかった。フォッカー機には操縦士二名、看護長一名と重傷患者（寝台）二名、軽傷患者席を設置し、大体の構造は前のドルニエ機とほぼ同様であった。

本機は満州事変後半から多用された患者輸送機で、この間約六〇〇名の傷病兵を空輸し、重傷者でも早く治療を受けることができた。なお機体には山口県地方の国民献金で買われたため、機体胴体には〝防長〟の名がかかれていて別名〝フォッカー改良型患者輸送機〟とも呼ばれていた。

フォッカー第九四患者輸送機もフォッカー・ユニバーサル輸送機を改造したもので、機体は中島製のものである。内部も前機と同じように操縦士席、看護長席、重傷者および軽傷者の寝台をおき、医療設備も搭載することができた。

改造は昭和八年に完成し、機種そのものは前機と同じであったが、エンジンを五五〇馬力にパワーアップし、三翅ペラとカウリングを装備した後期型である。

中島フォッカー患者輸送機の製作数

昭和七年十月　愛国第40号　一機
昭和八年十一月　愛国第94号　一機
昭和十年十一月　愛国第126号　一機
昭和十三年五月　愛国第136号　一機
昭和十三年五月　愛国第268号　一機

フォックスモス機

昭和七年、石川島飛行機製作所に対して陸軍から、小型軽患者輸送機の試作依頼があった。この機の原型はイギリスのデ・ハビランド社設計のフォックスモス軽飛行機を国産化したもので、これも寺師義信軍医正の指導で患者機に改造された。

この小型機はエンジンと操縦席の間に客席が設けられているという形式で、軽傷者なら二名、前後のイスに腰かけさせ、重傷者の場合は前後イスの背もたれを倒せばただちに一人用ベッドにすることが可能であった。その他に軍医の席も備えており、患者用担架と看護者用の座席および医療器具も設置されていた。

本機は献納機のため、機体によっては愛国97、124、125などと書かれた機種があり、満州事

愛国97号

変後期から第一線に投入され、傷病兵の収容活動に従事した。また医療設備の進歩から陸軍の要求によって再び改修が加えられ、昭和十一年から十五年の長期間にわたって製作が続けられた。

なお、昭和十三年十月に完成した機種は〝小型軽患者輸送機改良型〟と呼ばれ、初期型、改造型を含め二五機が製作され、特に不整地での離着陸を容易にするため、太い低圧タイヤを使用、通常の離着陸滑走距離が約二五〇メートルという好成績をあげ、日華事変から太平洋戦争初期まで活躍した。

一〇六号衛生機は機種をデ・ハビランド社のフォックスモス機に求め、やはり寺師軍医正の設計指導をもとに機体の改造が行なわれた。機内には操縦士一名、重傷者一名、軽傷者一名のベッドと席を設け、これに軍医か看護長の一名がつく。

この機種は陸軍衛生部の寄附により陸軍に献納されたもので、一名〝フォックスモス病院機〟と呼ばれ、この機も日華事変に投入され第一線で活躍していた。

しかし、滞空時間九五時間後の昭和九年八月十七日、満州の吉林省で負傷者空輸中、事故のため焼失した。

先に石川島で製作され、満州事変などで活躍した陸軍小型軽患者輸送機は、患者機としては良好なものであったが、主にシーラス・ハーメスの発動機を搭載した機種は航空中震動が多く、これが患者に対してあまり良い影響を与えないと指摘された。

陸軍軍医部はこの件を重視し、石川島飛行機製作所の後期生産型の機種にかぎりすべてハーロエンジンに換装させた。

ハーロエンジン搭載の小型軽患者輸送機は飛行中でも震動も少なく、患者を良好な状態で空輸することができた。

なお機体そのものの傷者医療装備は従来通りで、客室内に患者用の座席と看護者用の座席が設置され、後部には各医療設備も搭載された。

大型患者輸送機の登場

昭和十四年に完成した大型患者輸送機は、フォッカー・ユニバーサル機をもとに東京飛行機製作所で製作したもので、傷病者輸送のための内部医療設備設計は、寺師義信中将が行なった。

これまで陸軍が開発した患者機は小型機が主体であり、傷病者や軍医を含めた看護人などの人員輸送もごくわずかにかぎられ、多くの傷病者を運べないという状況であった。それも、たとえば腹部銃創を受けた重傷者は一分一秒を争うのだが、従来の小型患者機では応急に間

愛国日本看護婦号

に合わず、輸送中に絶命するような場合が多発していたことも、陸軍軍医部としては頭の痛い問題であった。

第一線から救急自動車輸送してきても、患者によって緊急医療をほどこすには、野戦の繃帯所では無理で、いち早く後方の野戦病院に空輸して手当をほどこす必要があったからである。

これらの諸問題を痛感した陸軍軍医部および寺師軍医中将は、患者輸送機として好評であったフォッカー機をベースにこれを大型した患者輸送機を作ることになった。

機内の各医療設備は寺師中将の設計で、特に空輸時や離着陸時の震動や騒音に注意がはらわれた。この大型患者輸送機開発の趣旨に賛同した全国の病院などに勤める看護婦たち一〇万の献金によって、陸軍に納入された。

大型患者輸送機の完成時には、寺師軍医中将自ら傷病者の空輸試験を行ない、良好な成績を収めた。ちなみに寺師中将は中尉時代にパイロットとして、すでにその操縦訓練も修めていたから自ら操縦桿を握ったのである。

本機はその機体に赤十字マークと共に献金機として〝愛国日本

看護婦〟の文字が記されており、この機種も他の患者機と同様に白を基調したコバルト色に塗装されていた。

本機はあまり公表されず、そのデータも不明だが、機種外観はフォッカー・スーパーユニバーサル機とよく似ており、その内装機能と共に機本来の性能も前機を上まわる性能をもっていたものと推測する。

この大型患者輸送機は二機製作され、〝看護婦号〟と呼ばれ、日中事変時には大陸を飛び、ノモンハン事件や太平洋戦争時にも傷病兵の空輸に活躍した。さらにこの機はエンジンをパワーアップし、中国戦線の空を飛び、医療品の輸送や空中投下にも従事し、戦闘機や爆撃機とは異なった知られざる機種として重視されたのである。

野戦炊事車

●ご飯と味噌汁を作る、他国では見られない日本独自の特殊車両

最初は戦利品から

第一次大戦を書いた名作の一つに、エリヒ・マリア・レマルク作の『西部戦線異状なし』という本がある。この本の始まりは次のような文からのべられている。

「僕達のいる所は、戦線から九キロメートルも後方だ。交代したのは昨日だ。やっと今日になって牛肉と白いんげんの煮たのを、うんと食べたので腹いっぱいになり大いに満足した。夕方になるとお昼の御馳走がもう一度でて、その外に腸詰とパンを二人分ずつもらえたのだから……とても素敵だった。

赤いトマトのような顔をした炊事上等兵が、こういう食事をじかにくれた。炊事上等兵は誰でもそばを通るやつを、スプーンでお出でお出でをして、やってくると、うんと大盛りに盛ってくれた。とにかくこの炊事車をどうしたら空にできるのか、その見当がつかないので

大いに弱っている様子だった」

この章のテーマは、このドイツ軍の野戦炊事車、フィールドキッチンの日本軍版で、大陸に展開した陸軍の「野戦炊事車」を取り上げてみたい。

明治三十七（一九〇四）年、日本は日露戦争に突入、この年の八月第一回旅順攻撃を行なったが損害が多く失敗、十二月に二〇三高地を占領、第三回目に二〇三高地より旅順港のロシア艦隊を砲撃し、旅順要塞を落とした。攻撃開始後一三七日目に旅順を開城できたのである。

旅順のロシア軍捕虜二万五〇〇〇名、要塞砲や各種兵器のほか、輜重車や兵站器具を多量におさえた。この中にロシア軍の炊事車がまじっており、日本軍としては初めて見る炊事器材であった。

日露戦争当時、兵器や弾薬が不足し、これに頭を悩ましていたが、もっとも重要なのはその食事給養であった。大陸での寒さはきびしく、飯盒食や水筒の水は凍りついて食事にはならず、火を使ってお湯を沸かせば敵弾が飛んでくるような状況で、日本軍は戦闘と給養の面で苦戦をしいられていた。

ロシア軍の捕獲品の中でこの炊事車は人目を引いた。さっそく戦利品として日本へ送り陸軍糧秣本廠が調べたが、あまり利用価値があるとは思えなかった。形態は、一頭の馬で曳く二輪車の上にシチューや湯を沸かす器材で端に煙突がつき、下のかまどで火を燃やす。また付属車として調理器具や鍋・釜をつんだ一馬曳きの車もついていた。

陸軍糧秣本廠は野戦用給養車としてヒントは与えられたが、すぐこれを応用しようとは思わず、これはそのまま捨て置かれた。

大正三（一九一四）年六月、第一次大戦がはじまり、日本はイギリスの意向を受けてドイツに宣戦布告、ドイツのアジア根拠地である青島に出動した。日本陸軍の青島攻撃目標は、ドイツの租借地膠州湾の中核である青島の要塞と軍港にあった。この要塞には五個の堡塁とその後方に四個の砲台を備えてあり、また海正面にはヤーメンやビスマルク砲台など永久築城によって構築され、その外にモルトケ砲台、台東鎮砲台、台西鎮砲台、イルチス砲台などが連なり、重砲五三門、軽砲四七門を備えて日本軍を待ち構えていた。これに対し陸軍は、神尾光臣中将率いる独立第一八師団、浄法寺五郎少将の歩兵第二九旅団を主力とし、二八センチ榴弾砲を持つ独立攻城砲兵第四大隊と野戦重砲兵第二および第三連隊、それに観測を兼ねた飛行機四機が「航空部隊」として参加した。

戦いは十月三十一日の天長節を期に総攻撃が開始され、全砲兵と海軍重砲兵の砲火はイルチス、小湛山の敵塁に集中し、大きな損害を与え、続いて青島の石油庫を爆発させ、造船所を全焼するなどドイツ軍に多大な損傷を与え、青島要塞を陥落させた。

野戦炊事車の研究

さて、青島戦は日本軍の勝利となり、捕獲したドイツ軍の小銃、機関銃はいうにおよばず各種の火砲、航空カメラ、輜重車などが一同に集められた。その中に一風変わった車両や器材が日本軍の眼を引いた。

日本軍の中には陸軍糧秣廠の将校がいて、作戦給養を担当していたが、その一風変わった車とはドイツ軍の炊事車だったのである。もう一台は車輪のついた湯を沸かす沸水車で、日本の兵士たちは車のついた風呂桶だとばかり湯をはって戦場の汚れを落としたという。

ドイツ軍の炊事車は戦利参考品としてただちに日本へ送付された。形状は二頭の馬で曳く馭者台と炊事車とのセットで、中央にシチューやスープ、または湯を沸かす大釜があり、側面はコーヒーや魚、肉なども焼くことができるオーブンがついていた。そして前方には煙突がつき、行動中はこれを折りたたむことができるという車で、まさにフィールドキッチン車である。

戦場で使うことのできる多用途応用の炊事車を模索していた日本軍には理想的な参考車であった。前の日露戦でロシア軍の炊事車を手に入れて検討した所、シチューや湯を沸かすだけの炊事車だったので、これでは野戦の応用がきかないとして捨ておかれていた。

第一次大戦の西部戦線はドイツ、オーストリア対フランス、イギリス、アメリカと連合軍が争う激戦地だったので、各国の第一線にはおのおのの炊事車がそろって、兵士の食事を作っていたのである。その炊事車の形態もよく似ており、二、三頭の馬で曳く二輪車タイプが多く、やはり煙突をつけてシチューやお湯を沸かすというもので、ロシア軍のは、やや小型で一頭の馬で曳くタイプであった。

西部戦線のフランス軍では炊事の煙が敵の目標になるとして、横穴を掘った塹壕の中に炊事車をスッポリ収め、煙突だけ突出するという防御をしていたが、それでも炊煙目がけて弾丸が飛んできたといわれる。

塹壕に収められた第1次大戦時のフランス陸軍野戦炊事車

日本には西部戦線の情報として、各国の炊事車のことは陸軍糧秣廠にも入っていたが、まさか青島戦でドイツ軍の炊事車が手に入るとは思ってもいなかった。しかし戦場といっても兵士は食事を毎日とる必要があり、それを供給するのは軍の兵站部の役目で、炊事車が青島にあっても不思議なことではない。

日本軍がロシアの炊事車に難を示したのは次のような理由があった。ヨーロッパ人はパンとシチューその他チーズや副食物があれば一応の食事はできるが、日本人はそうはいかない。飯盒食であっても御飯と味噌汁である。戦場の携行食として乾パンや缶詰類が渡されているが、主食はな

2馬曳の炊事車

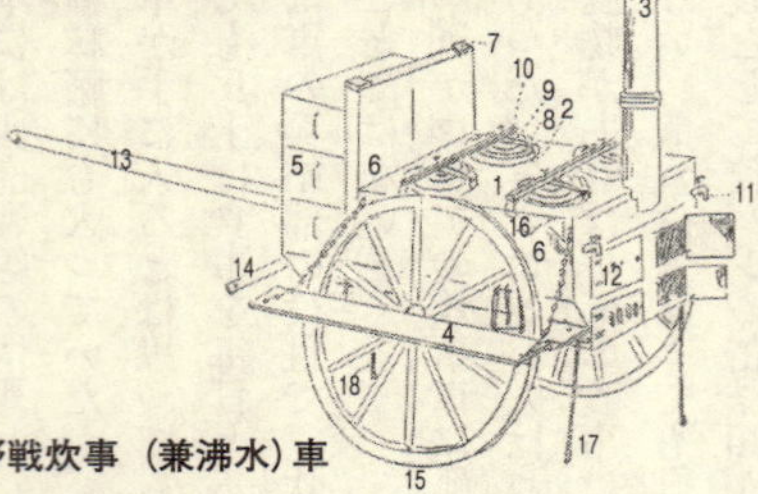

野戦炊事（兼沸水）車

んといっても御飯と味噌汁とおかずという副食物が主体だった。

ドイツ軍のキッチン車にはシチュー鍋のほかにコーヒー沸かしや副食物を作る器具がついていて応用性もあり、まずこれを参考に陸軍の野戦炊事車を製作しようということになり、上層部に報告するとただちに開発せよ、との声があった。

こうして、ドイツのキッチン車を中心に炊事車の試作が行なわれた。炊事車は馬二頭で曳く二輪車台車上に、胴壺を兼ねたカマドを設置し、その上に四組の二重釜をそなえ、この釜で、御飯の煮炊または湯を沸かすことができる構造で、釜の前には銅で作った角形の胴壺をおき、水や湯を補充し、その前は調理器具入の引き出しがついている。

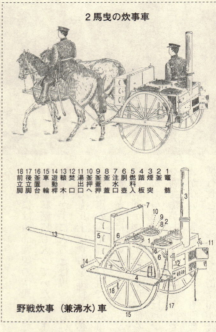

車体後部は焚口で上に一本の煙突がつき、行進中にはこれを倒して行軍することが可能だった。燃料は薪と石炭で行なう。

一応、炊事車ができあがった頃、ふたたび大陸に戦火が上がった。大正七年のシベリア出兵である。ロシアでは帝政が崩壊してソビエト政権が誕生、ドイツとの単独講和を結んだため、西欧諸国とアメリカがこの革命に干渉して兵を送り、日本もこれに参加して兵を派遣した。当初は過激派をおさえて朝鮮国境を守り、シベリアの日本人居留民を保護するのを目的としたのである。

このシベリア出兵に、試作中であった野戦炊事車も参加した。要は外地の戦場でどの位効果的なものか、充分に役に立つものかどうか心配だった。シベリアといえば極寒の地であり、これにどう対処するかが問題であった。ドイツの炊事車と同じ二馬曳の輜重車を利用して完成していたのが、この戦いに参加したのは炊事車の試験も兼ねていた。

実際に炊事車のカマドに火を入れてみた。燃料は薪と石炭である。はじめは火も弱かったが、石炭に燃え移ると温度は急上昇した。

当初、釜を直火式としたため、火力の加減によって御飯のできが一定しなかった。強ければこげつくし、弱ければ俗にいう〝メッコ飯〟である。まして薪と石炭とは火力の差に大きく影響する。

陸軍糧秣廠が自信をもって作った野戦炊事車も、構造的にはまずまずのものだったが、実際に使ってみると色々な不備の点が現われたのである。シベリア出兵の炊事車試験は不充分に終わったが、その半面教訓も与えた。

こうした結果、野戦炊事車も根本から設計をやり直すことになり、それまでの欠点をおぎなったものがやっと完成した。大正時代末期のことである。

昭和二〜三年にかけて、中国の山東省で紛争が起き、済南事件となった。これに日本は第六師団を出動、続いて第三師団も出兵した。陸軍糧秣廠はふたたび野戦炊事車の実験を思いたち、この済南事件に炊事車と共に出動、外地での試験を行なった。

日本陸軍試験用野戦炊事車

済南は夏季でシベリアとは季節が違ったが、実験は炊事車二車をセットにして行なったところ、主食や副食もよくでき、陸軍兵士たちに充分供給することが可能で、炊事車としては大成功を収め、食事した各兵士からは大いに喜ばれた。

野戦炊事車使用法

済南事件で成功を収めた野戦炊事車は、さらに修正を行ない、昭和七年八月に「野戦炊事車」として制式化、上海事変や日中戦争にも出動した。この野戦炊事車とはどのようなものか「炊事車説明書」をもとに説明しよう。

野戦炊事車は野戦部隊に附随し、随所において容易に炊飯、沸水をなし、部隊給養を迅速に実施するものである。

●構造

炊事車は二馬曳車体上に胴壺を兼ねたカマド体を装備し、このように四組の二重釜を備え、容易に煮炊および沸水し得る装置で、これに調理器具一式を具備したものである。

●カマド体

台の回りに胴壺を置き、約四斗五升の湯を貯え炊飯用ならびに湯茶として使用する。その前面燃料箱に接する部分に高く注水口二ヵ所を、後部火焚口の両側に湯出コック二コを設置する。台上面と後面は防熱のため鉄板を二枚張とし間にアスベストをはさむ。

カマドの後下部は火袋ロストルとし、その下に灰受室を、火室の外面に焚口二ヵ所を設置する。カマドの内部は二段火回り式で、ロストル上で焚火した火焔は釜の底部をなめつつ、第一室を前方に進み、銅壺に突き当たって二本にわかれて第二室に上昇し、釜の中部をなめつつふたたび後方に戻って煙突から煙となって放出する。

日本陸軍野戦炊事車

炊事用の釜は、直火式と蒸気式を併用した二重釜四組を設け、釜に発生する蒸気を内釜内に誘導して炊事を行なう。(内外釜間には水約三升を入れる)

外釜は上部を軽合金、下部を銅製錫引とし、内釜は全体軽合金で外側に四条の蒸気誘導管を附す。内釜は飯五升だき、外釜は七升だきに適し、外釜のみでも炊飯はできる構造となっている。また内、外釜の密着を完全にするため、特に蒸気がもれない様にパッキンのネジ仕掛を用いた。また釜ぶたは木製である。

煙突は焚口同側に一本あり、上部に着脱式回転口を取りつける。これは行進中必要に応じ横倒しとする装置がつく。

また外釜のみで直火炊事を行なう場合は、焦付防止のため助水器で火の上昇を防ぐため、火焰おおい板を準備している。釜の上下に便利なようにカマド台に踏板と釜置台を取りつけている。

炊事車の炊飯能力は次のとおりである。

●内釜使用の場合
一回炊飯量＝二斗（約一〇〇人分）、第一回所要時間＝二五分、第二回以後＝二〇分、一〇〇〇食の炊飯時間＝一車で三時間。
●外釜使用の場合
一回炊飯量＝二斗八升（約一四〇人分）、第一回所要時間＝二五分、第二回以後＝二〇分、一〇〇〇食の炊飯時間＝一車二時間半。


炊事車の取扱準備は次の要領で行なう。

カマド体の両側と前部にある胴壺に水を満たす、飯米を洗米しておく、カマドに載せてある外釜に水三升五合を入れて置き、カマドに点火する。

次に炊事操作は、蒸気式（第一回目）、まず外釜に水約三升五合を入れてカマドにのせ、次に蒸気噴水器を取りつけた内釜に水約四升を入れ、外釜に重ね、蓋を固くしてて焚火すれば、数分後釜水が沸騰して釜間より蒸気が噴出、この時蓋を取り準備した洗米（五升）を内釜に入れて攪拌、蓋を密閉して加熱すること約七分で炊飯ができあがる。そして内釜をとり飯びつに移す。第二回目は水を補充して、一回目と同方法で炊飯をする。直火式の場合、単に外釜のみを用いて炊飯するもので、はじめ釜底に焦土用の底敷を置き、水五合を入れ沸騰後飯米（七升）入れて、攪拌後蓋をして炊飯を行なう。外釜だけで炊飯すれば迅速であったが、炊飯上蒸気式と比較して御飯のできがやや良好でなかった。

●野戦炊事車の編成

野戦歩兵一個大隊の一食（夕食）分を行進途中に炊事を行ない、宿営地到着後三時間以内に二食（朝昼食）を炊事することを目標とし、一組の編成は次のものである。

二馬曳炊事車＝二両、附属車一一両、附属車の内訳は、糧秣車（飯びつ車ほか米麦および副食物や馬糧などの器具車）。

兵員は、指揮官をふくむ輜重兵三名と同特務兵一三名、馬一五頭、歩兵は炊事掛下士官をふくむ炊事兵一一名。

以上の編成であり、歩兵大隊には主に連隊本部や歩兵砲の部隊などに給養された。野戦行動中の炊飯は内釜を使用するのを原則とし、部隊停止間や副食炊事中には外釜のみを使用して炊事にあたった。

野戦炊事車は上海事変や日中戦争初期に使用されたが、激戦地には対応できず、次第に自動車式の九七式炊事自動車と変わって行くことになる。

野戦パン焼き車

●シベリア出兵時に試行錯誤のすえに生み出された異色作

携帯式〝兵糧〟の研究

本章では、日本陸軍が使用した特異な車〝パン焼き車〟を取り上げてみよう。現在パンは普通の食糧として日常食べられているが、これを軍用にと考えたのは、意外と早い時期である。

我が国でパンを「兵糧」として注目したのは、江戸時代後期に伊豆韮山に反射炉を作り、洋式兵学家として名高い代官の江川太郎左衛門である。彼は国土防衛の見地から、もし外国からの侵略軍が上陸して橋頭堡を築いた場合に長期戦の構えとなるだろうと判断し、それに対して我が国も長期戦になると近代戦を知らない幕府軍は敵前で兵食をとるため、炊煙を立てることだろう。

そうなったら煙を目標に敵の集中砲火を浴びて全滅は必至であるから、どうしても煙を上げない兵糧を考案する必要があった。

そして江川太郎左衛門が考えた結論は、日本式な炊飯ではなく、梅干しを利用した兵糧としてのパンを応用することに落ちついた。

彼は家来を動員して、長崎のオランダ屋敷でパン焼きをしたことのある砲術家・高島四郎大夫秋帆の家来、作太郎を韮山に呼び寄せ、軍用のパンを製造させようとしたのである。

作太郎が初めて軍用パンを試作したのは、天保十三（一八四二）年五月のことで、これが我が国にパン食を導入しようとした最初の試みだったのである。現在も韮山の江川邸内には徳富蘇峰の筆による「パン祖江川担庵先生邸」と記した記念碑が立っており、有名な反射炉建設と共に食糧の点からも江川太郎左衛門の功績を知ることができる。

この江川のパン研究がきっかけとなって、各藩にも国土防衛熱が高まり、国防としての軍備と兵糧パンを作り、外敵に備えてこれを貯蔵するという風潮が広がって行った。時の長州、薩摩、水戸藩などにはその記録が残っているが、水戸藩の兵糧パンはドーナッツ型でこの穴にひもを結んで腰に下げられるように考えていた。この我が国におけるパンの研究は、アメリカのペリー提督ひきいる黒船艦隊に対し、幕府が日米和親条約に調印した安政元（一八五四）年より以前の話である。

明治維新前よりパンの製法を研究して兵食に取り上げた藩は島津藩の兵糧麵麭や、毛利藩の備急餅、水戸の兵糧丸などがあげられるが、各藩とも兵食研究は厳重な秘密主義で守られたため、一般的なパンの発達は見られなかった。

日本海軍は明治五年以来、パンを兵食の一部としてもちいていたが、陸軍がパンを採用したのは明治十年以後のことである。明治十五年京城の乱が起こり、陸軍は一個大隊を派遣したが、その食糧の一部に乾麵包（ビスケット状）が指定され、これが後に携帯口糧として乾パンを採用することになった。

中国戦線で野戦パン焼き車を使って作業中の日本陸軍兵士

明治三十三年に起きた北清事変は、義和団の乱ともいい、北京で各国の居留民の安全を確保するため、日本をはじめ一一ヵ国の軍隊が天津と北京に出兵した。この事変中に日本軍は大失態を演じた。日本軍は敵前での炊飯で煙を出すが、西洋の軍隊は一際火を使わないパン食だったからである。

そのため日本軍の陣地には敵弾が集中し、ひどい目にあったばかりでなく連合軍のもの笑いのタネともなったという。

陸軍は非常食としての乾パンを採用していたが、純然たるパン食は普及しなかった。大正七年シベリア出兵で出動した部隊に主食として米を追送する必要が生じたが、当時の国内では米騒動が勃発して送ることができず非常に困ったが、ちょうどシベリアには小麦粉が沢山あり、製粉会社も多くあるのに着目して、この現地の小麦粉を利用して追送米を節約したいとして種々の研究を行なった。しかし結局はパンの形式として給養することが一番良いことがわかった。

そこで飯盒や戦用炊具を利用して、あるいは地面に野カマドを構築してパンを焼くこと、あるいは乾パンで空箱を利用して蒸パンを作るなどの研究成果が実を結び、その結果移動式の組立パン焼きカマドが開発され、シベリア出兵や後の済南事変などで試用して、逐次改良されて移動式の野戦パン焼きカマドが完成した。

日華事変時も、第二十師団は錦州野戦倉庫で製パンを行なって各部隊へ供給したが、このパン焼きカマドは陸軍糧秣本廠より送った野戦パン焼きカマドやパン焼き車であった。中国に展開した部隊、特に国境地帯で警備についていた部隊からは、暑い時には兵員の飯が腐りやすいのでパンを補給してほしいとの声もあり、戦場でのパン食も好評であった。

パン先進国から学ぶ

我が国と違ってパンを常食とする各国軍も軍用のパン焼きカマドを持っていたが、移動可能な野戦パン焼き車を装備したのは第一次大戦からである。それまでは固定式やすえ置き式のパン焼きカマドが普通で、中焚式薪カマドが大半だった。日本軍がシベリア出兵時に野戦用パン焼きカマドとして使用したのも、鉄鈑製の組立式中焚カマドであった。

第一次大戦の西部戦線では、まずフランス軍が移動式の野戦パン焼き車を登場させたのに対し、オーストリア軍では野外設置用の組立式カマドと野戦パン焼き車を急遽、戦場に送って兵隊への供給をした。

フランス軍のパン焼き車は、馬四頭で曳く馬車形式で構造は焚込式二段焼きカマドを車載したものであった。これは一回に七五〇グラムのパンを八〇個収容し、二〇時間に八八〇個を焼くことができた。また附属車として材料や器具をのせ、パン焼き車二両に対し附属車一両がついていた。

対するドイツ軍では新式野戦パン焼き車で、構造は煙道外囲加熱式車載二頭曳で、楕円型のパン焼き車は一回二キロのパン七二個を焼き、急を要する時は八二個まで焼くことも可能だった。さらにドイツ軍は一九〇〇年代にK式連続式野戦パン焼き車を完成、これは二四時間に一二回二三〇〇個の口糧を焼くことができた。

西部戦線に登場したのは、イタリア軍の野戦パン焼き車、英軍の野戦パン焼き車の過熱蒸気管二段パン焼き車などがあり、いずれも馬二頭か一頭曳きで、焼き方は変わっても兵にパンを多く供給するのが主目的であった。またアメリカ軍も野戦パン焼きカマドを持っていたが、いずれも固定設置型で移動式ではなかったようである。

日本陸軍は元々米食が主であり、パン食にはあまり関心がなかったが、第一次大戦時に青島攻撃を行ない、その時ドイツ軍から兵器と共にパン焼き車も捕獲した。青島駐留のドイツ軍には固定式や組み立て式のパン焼きカマドの他に、最新式の野戦パン焼き車もあったことから、陸軍はさっそく内地に送ってこの種のものを研究することになった。ドイツはジャーマン・ベーカリーとしてパンの製造も名高く、その製法もすぐれていたので、陸軍はこれを参考に野戦パン焼き車を製作することになった。まず開発されたのが、移動式パン焼きカマドである。構造は鉄鈑製埋込式焚込加熱カマドで一回三〇〇グラムのパン一四〇個を収容、一日五回焼き上げ計七〇〇個を製造する。これは地面に壕を掘り、上に湾曲した鉄鈑を組み立てて行なうもので、煙道加熱式内焚附加法による加熱カマドで連続してパンを焼くことができた。この形式はシベリア出兵でも利用されたという。

次の野戦パン焼きカマドは、重畳組立式二段パン焼きカマドで、形式は設置式で高い煙突を持ち、一回三四〇グラムのパン九六個を収容し、二四時間に約六〇〇〇個を焼製することが可能だった。

これら野戦用のパン焼きカマドが、戦場で使用されたのは昭和二年に起こった済南事変で、大陸でのパン焼きは意外な効果を上げたため、陸軍糧秣本廠が完全移動性をもつ野戦パン焼き車を開発、昭和七年八月から部隊で制式採用となった。当初このパン焼き車は小型なためパンの焼き上げ能力が少なかったので、後には大型の野戦パン焼き車も製作され、後方部隊などで使用パン食の供給につとめた。

現地の材料も使用可

野戦パン焼き車とはどのようなものだったか、その教本をもとに説明していきたい。

小型野戦パン焼き車の作業はじめ

構造は、二輪の輜重車を利用して上に楕円型のパン焼きカマドを乗せたもので、一頭の馬で曳くことができる。パン焼きカマドは背後に焚口をもち、これにつながる焔道は前後二折三層構造になっていて焼室をかこみ、カマド前面上方に折りたたみの煙突がつく。

煙突にいたる前面胴の下には断鈑の把手二個を備え、火回りを調節できる。本車には附属品として次のものがある。温度計一、火掻具として十能一、火挟み一、火掻一、煙突掃除具二があり、温度計は附属車に、他はカマドの側面に取りつけて携行する。

パン焼き車の使用法は、まず火の焚方からはじめる、一馬曳の馬をパン焼き車から離し、車輪および前後の脚を固定し、カマド焼室面を水平に置き、焚火を開始する。

燃料は薪、石炭その他固定燃料ならどれも使用でき、焼

大型の野戦パン焼き車で、パン焼き教育中の兵士たち

室温度は焚火度の加減によって調節する。上火、下火の調節は断鈑の加減により行なうことができる。焚火開始および下火を強くする時は、上方の断鈑把手を引き出し、普通焼き上げ作業中は上方の断鈑把手を押し込み、下方の断鈑把手を引くようにする。

パンの焼き方はカマド焼室内にパン型一六個を入れる。一回の焼き上げは一個三三〇グラムのパン六四個二〇分間焼きを標準とする。また焼室扉の開閉は速やかに行ない、室温の変化をなるべく少なくすることが肝心である。

パン焼き車には附属車があり、野戦のパン製造には二車一体となって行なうため、この附属車はかかすことができない。その構造は、パン焼き車と同様に二輪の輜重車を利用した車で、これも一頭の軍馬で曳くことができる。形状はパン用焙炉《ほいろ》を兼ねた附属車で、中にパン焼き器具を格納して運搬車としても使用できる。これは前後に観音開きのとびらがつく。

その使用法、パン焼き車の行動時はその附属器具全部をこの内に格納して行動を共にし、野戦での製パン作業ではパンの焙炉として使用ができる。焙炉の構造は、室内左右壁に四段の桟を備え、これに棚網をかけ棚を作る。棚一段にはパン型九個、すなわち一回焼上げ分を収容するようになっている。

パンは温度調節がむずかしく兵士は製造に苦心したという

本器には別に備えた蒸気缶を取りつけて室内の温度と湿度を調節する。パンの製造には温度調節がむずかしく、これによってパンの出来、不出来に影響するといわれる。

この蒸気缶は室の一隅底部に取りつけるよう装置があった。パンの焙炉としての開閉口には背後面の扉を使用することができた。

パン焼き車の部隊移動に対しては、パン製造に関する色々な器具や附属品を、全部この附属車内に収容しなければならないため、その積み込み順序は苦心したという。その中には焙炉に必要な蒸気を発生させる小型蒸気缶一式や、折りたたみの作業台、木製の舟型槽、折りたたみ式の四脚つき醗酵袋などから鉄鈑製のパン焼き型、用水桶、秤、計容器、各サイズの保温袋など実に多数の物があった。また、雨期を予想して、パン焼き車、附属車ともにキャンバス製のカバーがあり、

野戦パン焼き車

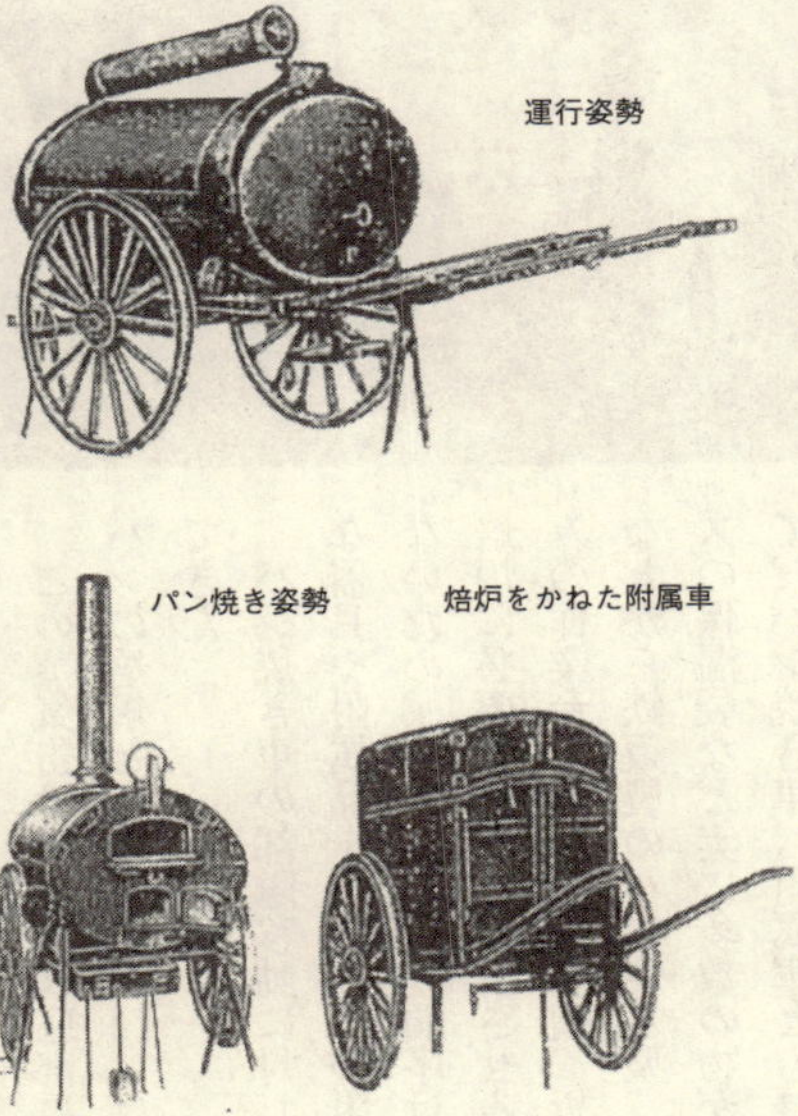

雨や雪の中の行動時にはこれを車体にかけて雨水が入らない様に考慮されていた。

部隊における野戦パン焼き車の展開は、パン焼き車を設置した後すぐ附属車を横に配置して、焙炉を利用できるよう扉を開いておく。手前には折りたたみの作業台と五個の醗酵袋を展開させ、パン製造の作業に入るのである。

この日本製野戦パン焼き車は画期的であった。青島戦で手に入れたドイツ軍の野戦パン焼き車を参考に、陸軍糧秣本廠の阿久津正蔵中佐がこれの研究を行ないつつ改良し、移動式野戦パン焼き車として完成するまで、実に一五年間をついやしたという。

陸軍は中国戦線にも国産のパン焼き車を送付して、野戦でパンを製造したが、小型で容量も少ないこともあって、同様な構造を大型化したパン焼き車を作り、陸軍経理学校に配置してパン製造技術の向上につとめた。また経理学校では部隊でのパンの普及を現地調査したところ、朝鮮の京城では良いパンが見あたらない。原料の小麦粉に問題があったり、製パンの技術を持った者が少ないこともあって、パンの普及に結びつかなかった。

太平洋戦争に入って、南方での食料調達もむずかしくなったため、陸軍は現地構築用の野戦カマドを開発して南方へ送った。これは現地に固定して使用できるもので、その構造は煙道加熱式内焚附加法を採用した加熱カマドで連続してパンを焼くことができるものであった。一番の特色は、現地の材料を利用して構築する方法で、固定式のものである。しかしパン焼きカマドを運用するにはパン焼職工を招致または育成しなければならず、陸軍糧秣廠は国内からパン製造の技術者をつのり、南方で野戦製パンの講習を行なったという。

多目的観測機

●射弾観測を目的としたオートジャイロ&軽航空機の実力

陸軍の射弾観測機

陸軍の野戦砲兵や重砲兵の射撃観測や敵の目標視察には、主に光学機器（双眼鏡、砲隊鏡、測距儀）が戦場で使われてきた。しかし、昭和十二（一九三七）年の日華事変となって、大陸に出動すると、中国軍の陣地偵察やトーチカなどが通常の野戦では予想もつかない個所に設けられており、砲兵の射撃目標や観測にも大きく支障をきたしていた。

昭和十三年には張鼓峰事件、その翌年にはノモンハン事件と続き、大陸での点目標を狙うには広く大空からの偵察や射撃観測を行なわなければならなくなった。

まして大陸での国境監視や敵情偵察などには、従来の砲隊鏡や光学兵器では遠距離の敵情捜索など意のごとくならず、空からの偵察を望む声が砲兵部隊から要望された。

こうした要求に対し、地上部隊の兵器の一つとして開発されたのが、砲兵隊所属の弾着観測用飛行機オートジャイロ、またの名を「カ号観測機」「キ七六(三式指揮連絡機)」および「テ号観測機」である。

元来、飛行機が軍用に使用された最初の用途は偵察であった。昭和六年および翌七年の第一次上海事変の頃は飛行機も戦闘機、爆撃機、偵察機とわかれていても、いずれも地上部隊の直協として活躍し、また地上部隊の目となって偵察情報なども与えていた。

しかし、大陸での戦闘が多くなると、航空部隊独自に作戦行動をとる方が多くなり、前線部隊との直接協力や情報連絡などが、次第に薄れつつあった。

●カ号観測機

砲兵部隊の観測機オートジャイロの開発には陸軍航空技術研究所が当初これに当たっていたが、実用化以後は陸軍航空隊の手をはなれ、その整備や操縦も一般兵科の手によって行なわれた。したがって航空機のキ番号系列には入っていない。試作仕様が航空本部によって出されたものでないからである。

一九二〇年代末、海外ではオートジャイロの研究がはじまり、それも充分実用化に向かっていた。一九三一年にはアメリカ海軍がケレットK－2オートジャイロをXOP－1として買い求め、空母USS「ラングレイ」の艦上から発着艦のテストを行なったのをはじめ、イギリスにおいてもオートジャイロを購入してテストを行なっていた。

日本陸軍では昭和八年にアメリカから、ケレットK－3オートジャイロを三機購入し、試験した。この機は一応研究と試験のため購入したもので、基本審査を終えた後、観測機としての評価テストのため千葉県の下志津にある飛行学校へ送られたが、オートジャイロは特殊な操縦技術を要するため、操縦者の飛行ミスのため三機とも破損してしまった。

陸軍ではこの修理工場を探したところ萱場製作所で修理ができることがわかり、同社に依頼することになった。このことがきっかけで、同社がのちにオートジャイロを開発することになった。

その前年にも海軍でもシェルバ・オートジャイロ社からシェルバC－19MK4を買い求め、アメリカの例にならって艦砲の射弾観測などに検討していた。

陸軍が購入したケレットK－3オートジャイロは、陸軍献納機の一つとして「愛国第八一号および同第八二号」と名づけられ、下志津飛行学校に所属していた。

オートジャイロ国産化

昭和十二年七月、中国の北京南郊外、盧溝橋で日華両軍が衝突、日華事変へと進展した。この事件が本格的な日中戦争となって拡大していったのだが、当時中国戦線での陸軍砲兵の射撃時の射弾観測には、通常の砲隊鏡が主であとになって気球も採用されたが、地形的にも観測が不備で思うような射弾観測ができなかった。

昭和十三年には砲兵観測は空からとの意見も多く、オートジャイロや軽飛行機を研究することになる。こうして航空隊ではかえりみられなかったオートジャイロであったが、砲兵部隊からは観測用に低速で離着陸が短く、地上部隊と行動を共にできる飛行機として取り上げられることになる。

昭和十六年五月、萱場製作所に依頼していたケレットKD－IA機の修理が完了した。これを伊丹飛行場で、試作の回転翼翅を取りつけて飛行テストを行なったが、その結果、空中観測機として実用に適することがわかったので、新たに国産のオートジャイロの製作に取り組むことになった。

こうして国産オートジャイロの設計にかかったが、当時の航空機工場は全部陸海軍航空本部が押さえていてどうにもならず、機体だけは萱場製作所が引き受けたが、エンジンは入手できなかった。ところが神戸製鋼所の協力で満州飛行機が持っていたアルグスV型エンジン（二五〇馬力）を譲りうけ、神戸製鋼所で製作することになった。

昭和十七年七月、試作機の完成を見たので、陸軍技術本部と野戦砲兵学校が協同飛行実験をし、その結果、充分軍用に適する判定が下された。この試作第一号機に装備したプロペラは日本楽器（現・ヤマハ）製の被覆式乙型プロペラで、エンジンはアルグス二五〇馬力、脚は萱場製作所製のオレオ脚を使用、羽布は藤倉工場で製作した。当時陸軍技術本部がまとめたテスト報告には次のように記されている。

「回転翼飛行機の特徴。本機は固定翼を有せざる直接操縦式飛行機であり視界極めて良好なり。上部は回転面なるが通視に何ら支障なく、前後左右および下方視界もまた良好なり。したがって砲兵弾着観測機および潜水艦哨戒機としては最も適するものと認められる。離着陸距離小にして、航行中の艦船に使用する時は必ずしも直接離陸の形式は必要としないが、上昇角度および下降角度は相当大きい。

また充分低速にて巡航飛行を行なえ、地上あるいは水上の詳細な観察も可能であり、他の飛行機のごとく失速の危険もなく離陸直後、発動機の故障を生じても旋回して離陸地に引き返すことも可能である」

とこのように報告されているが、いくつかの欠点もあり、これらを修正したところで、完成に結びつけた。

こうして製作されたオートジャイロは萱場製作所の名をとって「カ号一型観測機」として制式採用となり、陸軍砲兵部隊の所属機となった。

●カ号一型観測機の実戦

砲兵部隊に配備されたカ号一型機の話をきいた陸軍は、ちょうどその頃日本近海で米潜水艦の跳梁が多くなっていた時でもあり、これを警戒する必要性もあって船舶部隊にも装備しようとする案が出された。

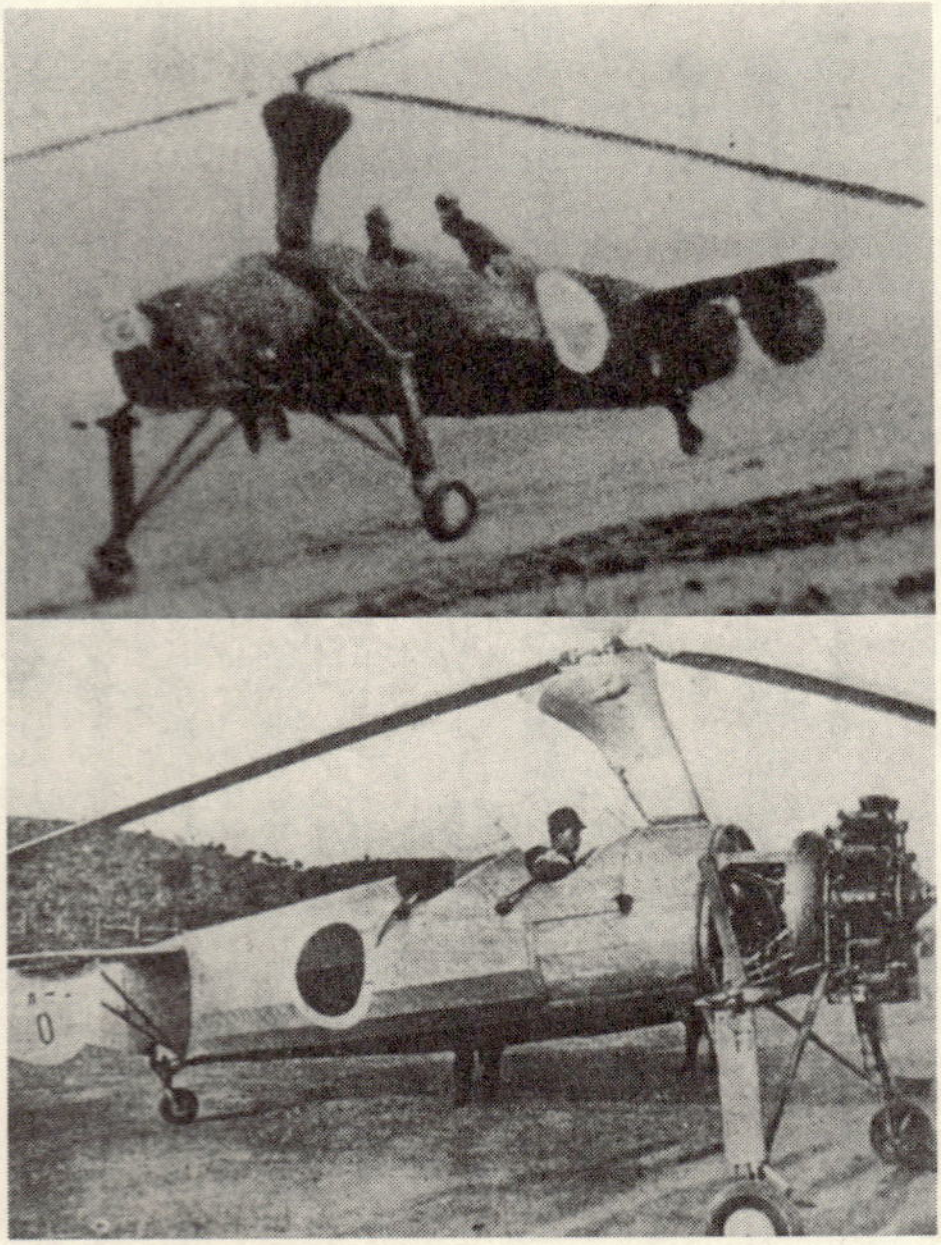

（上）カ号一型観測機。（下）カ号二型観測機

このカ号一型は対潜警戒機の名で、砲兵用と船舶部隊にも製作が進められ、萱場製作所の仙台工場で終戦までに約二四〇機が量産に移された。なお一型機に続いて、同じ機体にアメリカ製ジャコブスL－4MA－7空冷星型エンジン（二四〇馬力）を搭載した型をカ号二型機としてテストを行なったが、これは量産されなかった。

カ号の本来の任務である砲兵部隊の火砲弾着観測は良好に行なわれ、戦争時にはフィリピン作戦に出動したと伝えられる。なおカ号の内一部の機体は複座式の前席を改良して単座とし、陸軍の六〇キロ爆雷一個をつんで対潜攻撃用としたものもあった。

〝和製シュトルヒ〟の実用化

●テ号観測機

大陸における火砲の射撃観測から太平洋戦争のフィリピンやシンガポール攻略作戦でも空からの視察や観測を重視した陸軍は、オートジャイロとは別に軽飛行機を利用する観測機を使用しようと考えた。第二次大戦末期のドイツや連合軍でも地上作戦に協力する観測や連絡用の軽飛行機が登場し、またイタリアのムッソリーニ首相がグランサッソに幽閉され、その救出作戦にドイツは軽飛行機のフィゼラー・シュトルヒを使って見事救出に成功したことが大きな話題となった。

このように軽飛行機でも大きな作戦を行なえるとあって、陸軍が注目し開発されたのが神戸製鋼の「テ号観測機」である。本機は航空ではなく陸上部隊が使用する兵器の一つとして、前述のカ号同様に砲兵部隊に所属する射弾観測機として試作された。この企画試作は陸軍技術本部の要求仕様によって、大阪大学教授の三木鉄夫氏が設計し、神戸製鋼が製作にあたった。

通常、陸軍機の系列には「陸軍現用主要飛行機定義」に基づくキ番号が与えられるが、このテ号観測機は陸軍航空としてではなく砲兵部隊の要望で行なわれたとされ、また戦争末期にはこの定義によるキ番号はやや薄れてきたとの声もある。そのためかテ号観測機ははじめ

テ号観測機

から「キ番号」はついていない。

機体の配置はドイツのフィゼラーFi156シュトルヒの影響を受けているが、高揚力装置は独自のもので、前縁全幅にわたるハンドレーページ式自動スラットと、全後縁の特殊フラップからなり、補助翼もフラップを兼ねている。

低速時の方向安定をよくするために、胴体後部形状に特徴があり、主翼はシュトルヒのように機体にそって二つに折りたたむことが可能であった。そのためせまい格納庫でも収容することができた。

テ号観測機の構造は木製と金属の混合製で、胴体は鋼管溶接骨組に羽布張りとなり、発動機はカ号オートジャイロと同じ神戸製鋼製アルグス空冷倒立八気筒二四〇馬力である。

本機はカ号と同時期に、同じ砲兵の射弾観測目的のため開発され、同様に比較試験も行なわれたが、試作機完成後、飛行テスト中に安定不良となり墜落して破損してしまった。当時カ号一号機の製作が順調に行なわれていたため、このテ号観測機の方は忘れさられ、後に研究開発が中止となったのである。

本機の名称のテ号は、カ号の回転翼機に対して、低速固定翼機の略称として名づけられたものであった。この機のデータは以下のとおりである。

テ号観測機

全幅	一三・〇メートル
全長	九・五メートル
翼面積	二〇・〇平方メートル
全備重量	一一三〇キロ
エンジン	AS-10、二四〇馬力×一
最大速度	一八〇キロ／時
武装	七・七ミリ機関銃×一

乗員　二名

しかし陸軍の砲兵部隊観測用の特殊機としては一般にあまり知られてなく、シュトルヒ同様、脚の非常に長い軽飛機であった。

●三式指揮連絡機

指揮連絡機という機種は、広く展開した戦線を視察するため地上部隊の指揮官や高級将校が、指揮統率を行なうため使用する軽快な連絡機であり、さらに前線と後方部隊との連絡を密にし、あるいは砲兵部隊の火砲弾着観測にも使用とその用途は広い。昭和十五（一九四〇）年に日本国際航空工業へ「キ七六」として本格的な指揮連絡機の試作を依頼し、またこれと同時期にドイツへフィゼラー・シュトルヒ一機とその製作図面一式を発注した。日本国際航空工業では、これに対応して同年八月から緊急設計を行ない、約一〇ヵ月で二機の試作機を完成させ、翌十六年五月からこれの飛行テストを開始した。キ七六のフラップはシュトルヒのスロッテッド式より揚力効果の大きいファウラー・フラップを採用した。主翼は最大揚力と重量軽減のため厚い矩形翼（拡張二・〇〇メートル）とし、その前面に固定スラットを、後面にはファウラー・フラップを装備した。

機体は操縦席、指揮官または偵察・通信士席、射手などの三座を設け、充分視界を取れる

三式指揮連絡機

よう窓を大きくし、スライド式に開閉できるようにした。また床下にも窓を設けた。
　着陸装置は大きな沈下速度に対する緩衝と不整地滑走のため、脚の設計に苦労し飛行実験の結果大きく脚を開くスタイルとなり、また飛行機の格納や移動性をもたせて主翼は付根から折りたたみ方式を取り入れた。さらに本機は軽金属の使用も制限されたため、各部に積層材や強化木材も採用された。
　キ七六が完成した直後、昭和十六年六月、ドイツからＦｉ156シュトルヒが船で日本に陸上げされ、羽田飛行場で同機の初飛行と同時に立川でキ七六との比較テストが行なわれた。その結果、シュトルヒが二座で離着陸距離六二～六八メートル、航続時間二・五時間なのに対し、キ七六の方は三座で離着陸距離五八～六二メートル、航続時間も三・五時間といずれも性能がまさり、その他の空中滞空、操縦性、機体安定なども全般的にキ七六の方がすぐれていると判定され、昭和十七年十一月まで実用審査が続けられ「三式指揮連絡機」として制式採用となった。
　一般的にキ七六はフィゼラー・シュトルヒのコピーのようにい

われているが、実際には日本独自の設計による機体であり、キ七六の完成後、シュトルヒは日本に到着したものである。

本機は量産に移されたが、その頃は陸上戦闘時の指揮連絡機としては活躍の場が少なくなり、戦争末期とあって日本近海に米英の潜水艦の跳梁が激しくなったため、本機の特徴を生かし、これを対潜水艦作戦に転用しようということになった。

当時海軍も米潜水艦に対して打つ手がなく輸送船団護衛がやっとという状況であり、キ七六の短距離離着陸性能を生かし、これを輸送船上から発着される試験を瀬戸内海で行なったところ、一万トン級の輸送船の甲板を改造すれば充分発着可能であるとの結論が出て、キ七六の量産を進めると共に、陸軍の輸送船「あきつ丸」が陸軍最初の護衛空母として改造され、同機を七機搭載することができた。

航空機搭載偵察カメラ

●気球に始まる上空から敵状を知るためのメカヒストリー

気球に乗った偵察カメラ

空中で写真を撮るというアイディアの発生は、航空の歴史とほぼおなじといった方がよいかも知れない。今から一五〇年以上前、いくつかの国の気球操縦者や写真家が、空中からの写真撮影に大きな興味をもった。

なかでも一番早いのは、有名なフランスの写真先覚者であるナダールで、一八五六（安政三）年春、気球のゴンドラにカメラをすえつけ、はじめて空中撮影に成功した。パリ近郊でのことである。

一八五八年に撮った作品が大いにうけて、世界最初の空中写真家として名声を博した。これを見たフランスの陸相が、彼の方式を軍事上の実験に採用したいと望んだが、ナダールはその申し出をことわってしまった。

そして一八六〇年に、J・W・ブラックが、気球上からボストンの空中写真を撮ることに成功した。これら空中写真が、はじめて軍事目的に使用されたのは、ある歴史家の説によると、それから二年後のアメリカ南北戦争のときである。

一八六二（文久二）年に北軍司令官のマクラレン将軍がバージニア州のリッチモンドを包囲したとき、地上につながれた気球に写真家をのせ、南軍の兵隊の動きや放列のようすを撮らせた。そして、写真を二枚焼かせ、それぞれを正方形に区切り、マクラレン将軍が一枚をとり、あとは二人の気球乗りに託して、戦場の上空四六〇メートルまで上昇させた。

二人はこの有利な地点から、前もって番号をつけた画面の正方形を目印に、敵軍の動きを正確に将軍に連絡したのである。

この結果は大成功で、北軍の包囲を突きやぶろうとした南軍は、北軍援護軍に激しい反撃をうけ、南軍の惨敗におわったのであった。

その後、空中写真にたいしては、ヨーロッパやアメリカでカメラを気球や凧、またはロケットにとりつけての空中撮影テストがさかんにおこなわれたが、とくにプロシア軍（ドイツ）が熱心に研究をしていたのである。

それは一九〇三（明治三十六）年に、画期的な空中写真として出現した。この年、ドイツ人のアルフレッド・マウルという技師がロケット・カメラの特許をとったのである。ドイツ帝国の将軍たちは、軍事上の偵察に役立つと予想して、このカメラに関心をしめしたのであった。

約九年間の作業と数回の実験ののち、マウルはロケットによる写真撮影装置をつくりだして、みごと成功をおさめた。カメラはロケットで打ち上げられ、パラシュートで地上にもどされるようになっており、もっとも高くまであがったときに、自動的に一回だけ露出する仕掛けになっていた。

第1次大戦時、航空機の後席に装備された航空カメラと操作する偵察員

この空中カメラが、戦争でどのていどまで使えるかをテストするため、兵隊に命じて落下してくるカメラに発砲させ、撃ち落とせるかどうかも調べられた。

マウルの発明はこのテストにも合格し、すばらしい空中写真をのこしたが、実戦にはつかわれずにおわった。もう空は、飛行機の時代にはいっていたからである。

世界ではじめての航空機による偵察飛行は、イギリス航空隊のジュベール・ド・ラ・フェルテ大尉とG・W・マプベック中尉による目視による偵察だったが、カメラをつかっての偵察は、フランス軍に小さな空中撮影部隊が生まれてからだった。

この部隊により、一九一五（大正四）年三月までに撮影された空中写真偵察にもとづいて作成された敵の塹壕地図は、ヌーヴ・シャペル攻略戦にもちいられて大成功をもたらした。

これを手はじめに、空中写真の有用性はとみに高まり、地図の作成や敵の動きを察知するための写真偵察は、絶え間なくおこなわれることになる。

この空中写真偵察は、ドイツ軍でも相当に研究されたとみえ、一九一四年八月に撃ち落とされた「ツェッペリン」飛行船には精巧な航空写真機が装備されていて、その進歩に連合軍側はおどろいたという。

そして、マルヌ会戦後は戦線が固定し、陣地戦となってからは、がぜん空中写真の価値が認められ、敵味方ともに急速に発達した〝空の情報機器〟を利用するようになったのである。

大戦中に発達した写真機

大戦初期に使用された航空カメラは焦点距離二五cmで、使用乾板は9×12の小型なものであったが、やがてカメラもかわり、13×18という大きさの乾板や、18×24という大型のものも使うようになった。

ところが、陣地や家屋などの重要な物が、比較的かんたんに空中写真で敵に偵察され、味方の企図が察知されてはたまらない。そこで、偵察機を発見すると写真偵察を妨害して、もっぱらこれを撃ち落とすようつとめたので、その後は、さらに高い所から目標を大きく写すことができるように、航空カメラの焦点距離をのばすようになった。

それまでの二五cmは五〇cmとなり、さらに七〇cmとなり、ついには一二〇cmという長焦点の航空カメラまで使うようになった。このようなカメラの発達は、連合軍もドイツ軍の方もほぼ同様な経過をとっている。

また、飛行機の高速化にともない、迅速におおくの写真を撮影するため、自動的に連続写真が撮れるカメラも、大戦中に製作された。この連続写真は、一回の飛行で幅約四キロ、長さ一五キロにもおよぶ地域を、ほぼ一万六〇〇〇分の一の縮尺で撮影し得るものであった。

一方、繋留気球はパノラマ式の写真を撮影できるので、飛行機のパイロットたちからは、その鈍重さゆえに軽くみられていたにもかかわらず有効に使用され、その写真効果を尊重されていた。

気球は高空にあがれるものの、その反面、地上からはケーブルによって固定されており、敵の飛行機の絶好の餌食でもあったから、つねに危険にさらされていた。しかし、気球写真が大きな成果をもたらしたことは、気球の偵察者に旺盛な義務感を有する者がおおかったからといえるだろう。

第一次大戦で空中写真が重視されるようになったのは、ドイツ軍ではマルヌの会戦後、戦線が膠着して、敵味方ともおたがいに陣地戦となってからで、あらためて空中写真の価値を認め、おおはばに取りいれるようになった。

気球の航空カメラと偵察員

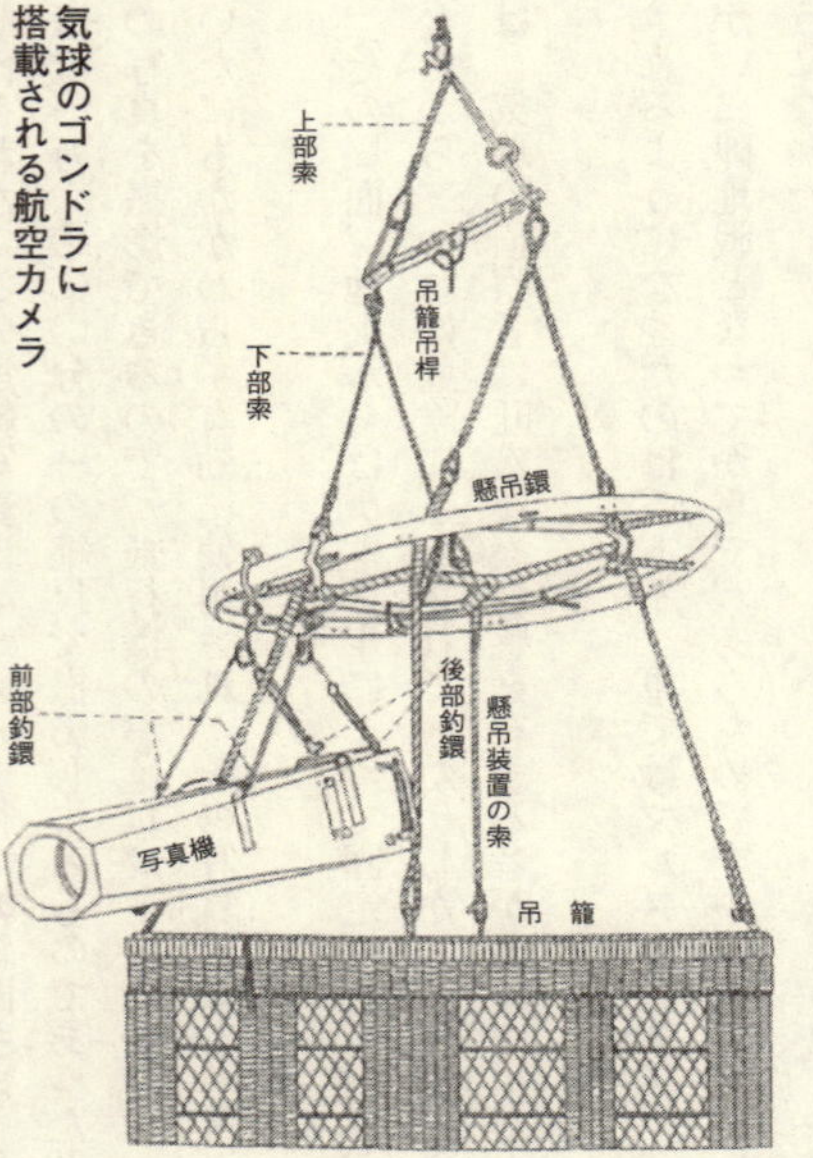

気球のゴンドラに搭載される航空カメラ

一九一四年八月、ドイツ軍のツェッペリン飛行船がバトンビリア付近でフランス軍に捕獲された。この飛行船のなかから一台の航空カメラが発見された。さらに、その年の終わりごろ、フランス軍によって撃墜されたドイツ空軍の飛行機からも、航空カメラが見つかった。

ドイツの光学兵器は優秀であった。連合軍もドイツの航空カメラをサンプルに、一九一五年末頃からは本格的な偵察カメラを製作して、搭載するようになっていく。

こうして空中写真の実用化もすすみ、敵味方とも撮影能力は向上した。ついには、空中写真なくして作戦計画を立案することは不可能とさえいわれるようになった。

青島戦に投入した偵察機

ヨーロッパ戦線が拡大して膠着状態となり、東部戦線も大きな進展もみせず、第一次大戦は長期戦の様相を呈しだした。参戦国イギリスは、アジアに駐留するドイツ巡洋艦の活動を封ずるため、日本に参戦をもとめてきた。

日本は当時、日英同盟を結んでいたおりでもあり、そのよしみで一九一四年八月、ドイツにたいし宣戦を布告した。そして、中国の青島に駐屯するドイツ軍と戦いをまじえるため、陸海軍が出動したのである。

青島に駐屯するドイツ軍には、ルンプラー・タウベ単葉機が配備されており、これにたいし日本海軍はモーリス・ファルマン複葉機を「若宮丸」に搭載して出撃した。日本軍にとって青島の地ははじめてであった。また、航空写真の軍事的利用については、わが国でも以前から注目していたことから、青島の地形や状況を知るために、偵察をおこなう必要があった。

海軍は航空カメラの製作を小西六本店に依頼した。小西六本店は、カメラなどの光学機器はあつかっていたものの、航空カメラの製作ははじめてであった。

横須賀から海軍の和田秀穂大尉が来店し、「飛行機の上で地上を俯瞰して撮るカビネぐらいのカメラを試作してくれ」という頼みであった。

小西六本店では、この意向にそうよう研究をおこなった。シャッターはソルトン式、レンズはホクトホンデルのヘリヤ三〇cm、ボディは木製にしたものを作成した。また、ファインダーはなるべく大きいものをつけて、和田大尉に試験してもらった。

ところが、ファインダーは風圧に弱いことがわかり、それを手直しして、ともかく一台だけ海軍に納入した。海軍はファルマン機にこのカメラを搭載し、青島攻略のさいにファルマン機を飛ばして要塞地域をカメラにおさめ、空中偵察に大きな成果をあげたのである。

これにより、加藤定吉第二艦隊司令長官はその功績によって感状を授与された。このときに使われた航空カメラは、小西六製の国産第一号航空写真機であった。

これを機会に、小西六では航空カメラをあつかうようになり、また軍部から発注された航空カメラも製作するようになった。

日本陸軍が空中写真偵察を採用したのは大正八年のことで、海軍はすでに航空カメラを取りいれていたが、技術面では陸軍が先行していた。

この年、フランス首相クレマンソーの発案で、フランス軍の航空使節団の一行が日本陸軍の航空技術指導のために来日した。

団長は第一次大戦の勇士フォール大佐で、その年の九月までに航空戦術、偵察、戦技と射撃、気球、機体、発動機製作などについて教育をおこなった。

このとき、写真偵察の教育実習がおこなわれたのは千葉県の下志津飛行場で、使用カメラはフランス製の二五cm、五〇cm、七〇cmの各種航空カメラであった。

その後、日本陸軍にはフランス軍を通じ、大戦中にドイツ軍が使用していた航空カメラが、参考品としてとどけられた。このときのドイツ製航空カメラは、次のようなものであった。

ＦＫ１型＝二五cm偵察用手持ち式、13×18乾板使用

ＦＫ２型＝五〇cm偵察および地域撮影用、13×18乾板使用

ＦＫ３型＝七〇cm偵察および地域撮影用

このほかに、ＰＲ６型五〇cm、ＦＫ型七五cm、気球用一二〇cmなどの航空カメラも提供された。

陸軍はこれらの航空カメラを所沢の航空学校研究所へ送り、フランス製の航空カメラと比較した結果、カメラ自体が精巧で堅牢なことと、写真撮影の方法にいくつかの相違があることがわかった。

ドイツの光学器材については、早くから精密さで定評があることから、陸軍でもその技術面を取りいれ、将来の航空偵察への指針とし、研究開発面での参考とした。

陸軍はあらたに独自の航空カメラを製作するにあたって、これらを参考にするよう発注先

の小西六本店に指示した。当時のもようを『小西六／一九〇年のあゆみ』という社史では、次のように述べている。

『所沢飛行場の注文で、アンゴー式（ドイツ・ゲルツ社）のカメラができた。軍部から試験官が出張してきて製品を調べて帰り、翌日、命令で二個持ってきて説明せよという。直ちにカメラを持参した。操作時にはコンクリートの道路には放り出すし、手荒く扱うのでビクビクした。「これでこわれるようでは、陸軍用にはならぬ」といばっているのには困ったが、試験撮影の結果合格し、「これでよいから、これと同じものを八個急いで作って持ってこい」と命じられた。

またさらに、千葉県下志津にある偵察部隊からも、飛行機用カメラの四ツ切り用四個、カビネ用六個を注文された。四ツ切り用は無事合格したが、カビネ用は「こんなのはだめだ」と小言をいわれたが、当時は航空カメラを作るのは六桜社（小西六）以外にはないので、陸軍からカメラの注文を受けるようになった』

大正六年二月、のちに陸軍航空本部長となる安満欽一大佐が六桜社を訪れた。軍の写真兵器器材の拡充を考えて、生産工場の作業能力や生産設備を視察するためである。

この結果、六桜社は陸軍の写真兵器器材を全面的に受注製造することになり、ただちに「小航空写真機（二五㎝）」の注文をうけた。

見本はネディンスコ型写真機で、一三㎝×一五㎝乾板倉半ダース入り、木製布張りの大型カメラだった。木工加工を得意とする六桜社にとってはうってつけの製品で、その後、六桜社（小西六）で作られる航空カメラの基礎ともなったものである。

航空写真の実用化すすむ

わが国で航空写真の実用化がすすむにつれて、単に軍事上だけではなく、地図作成にも使用されるようになってきた。陸軍も参謀本部内の陸地測量部に、航空写真の研究をすすめさせていた。

ときに大正十二年九月一日におきた関東大震災においては、東京全市の空中写真を撮影して、延焼の状況や焼跡の調査をおこない、のちの復興に大いに貢献したことがあげられる。

昭和四年にはいって、陸軍航空本部は小西六本店にたいして、自動航空写真機の国産化と、それにともなう研究、試作を命じた。

当時、陸軍航空隊はアメリカのフェアチャイルド社製Ｍk.3およびＭk.8を制式採用していた。これらフェアチャイルド航空カメラは直接輸入されたもので、レンズは二五㎝、五〇㎝、七〇㎝、一二〇㎝の四種類があった。

しかし、このカメラを国産化するには、内部部品の秒時計、高度計、ナンバリング・マシンなど、特許上の問題があった。

陸軍航空本部はいっさいの法律上のトラブルをひきうけ、小西六本店には迷惑をかけない

陸軍で使用した初期の航空カメラ

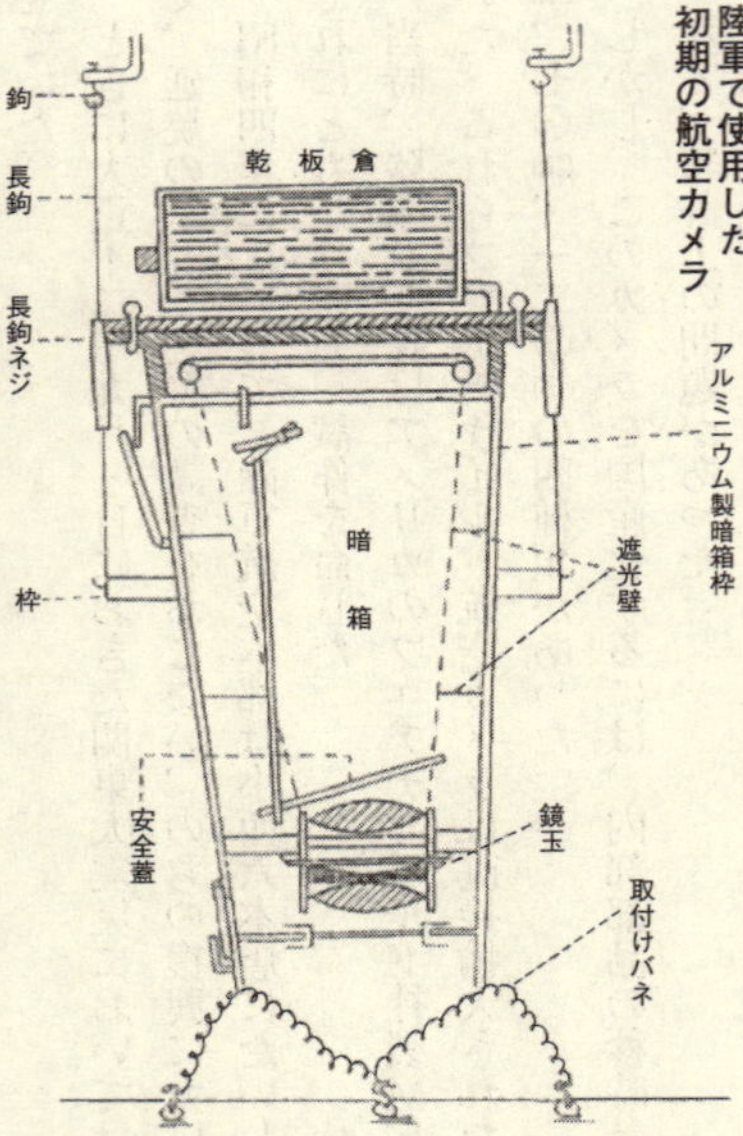

ことを約束して製作を依頼した。

小西六本店では、陸軍から借りたフェアチャイルド航空カメラを基礎に試作にかかったが、「航空カメラの白眉」といわれるカメラだけに、構造も複雑かつ精密につくられており、それまで手がけてきた航空カメラの比ではなかったという。

こうして生まれたのが一号自動カメラで、ただちに航空隊で採用され、日華事変から太平洋戦争を通して多用された。一号自動カメラは、使用時に懸架装置によって航空機に吊るされ、自機の推進速度に合わせて、自動的に広域地帯の連続俯瞰撮影ができた。

一方、海軍もこの一号自動航空カメラを基礎に、K－8固定航空カメラを使用した。なお、一号自動カメラの陸軍への納入価格は、当時の金で三万円だったという。

一号自動航空カメラは機翼の発電機を動力源とし、レンズはテッサーの二五cm、五〇cmおよび両用のものの三種で、シャッターはレンズシャッターであった。

なおレンズは、のちに小西六本店のヘキサーに変更された。

画面サイズは一八cm×二四cm、長巻きフィルムを用い、連続一〇〇枚の撮影ができる。フィルム装塡は交換式のフィルム倉を使用し、フィルムが途中でなくなると、ただちに予備倉と取りかえて撮影をつづけることが可能であった。

撮影間隔は、間隔調整器（インターバル・メーター）により調節され、高高度飛行のさい、低温による影響を考慮して、保温装置をもうけることもできた。

初期型航空カメラの性能

航空写真の利用は大きくわけて測地的利用と情報収集に分類されている。測地的利用とは主に地図作成用の精密測量（平時）と戦場測量があり、また写真測量をそのまま地図的利用とし、砲兵の射撃目標を指示したり、ただちに地域作戦指導用にも用いたりすることもある。

いっぽう情報収集は主に戦場・作戦などに応用され、戦場地形の判断に使用されるが、もっとも多いのが敵情捜索用で、偵察機での航空写真利用としてもっとも重要視される。

これには上陸作戦用、第一線部隊戦闘指導用、攻撃計画立案用、陣地戦指導用、艦船判断用、部隊判読用、工作物判読用、後方施設捜索用、渡河作戦用などである。ただし用途もこのように区分されるが、航空写真撮影様式としてはほぼ共通のものであった。

偵察用航空カメラは撮影の様式から大別すると、垂直撮影用と斜撮影用となり、これをカメラの大きさからみると前者は大型で、機体に固定され、フィルムを送り、シャッター捲上げと撮影間隔が全自動的に操作され、レンズの焦点距離は二五㎝、五〇㎝、七五㎝であった。後者はだいたい手持式で、前者より小型でレンズの焦点距離は一五㎝、二五㎝、四〇㎝、一〇〇㎝であった。

なおこれらの航空カメラの性能の優劣を決定するのは、レンズの解像度、フィルムの平面保持(大きなものはフィルムのサイズ三〇×三〇㎝)、シャッターの堅牢性、フィルム送りの堅牢度と確実性であり、一般のカメラとも共通する性能が常に要求される。

陸軍の使用した航空カメラは主に地図製作に用いられる連続地域垂直撮影用の機体装着・自動式航空カメラと、要点撮影に用いられる斜め撮影用手持ち式航空カメラに分けられる。このふたつを柱に航空機の任務や飛行高度によって各種の航空カメラを使いわけることになる。

自動航空カメラの系列には、夜間航空写真機、小航空写真機乙、広角度航空写真機、高高度航空写真機などがある。もういっぽうの航空カメラの系列としては、大航空写真機(五〇㎝)、後に気球用として工兵機材に移行された大航空写真機(一二〇㎝と七〇㎝)、一m大航空写真機、二m大航空写真機、極小航空写真機、小型航空望遠写真機などがあった。

同じ空からの偵察や視察でも、気球部隊で用いられる航空カメラは、航空機の移動性とは違い主に要点単一撮影をおこなうもので、航空機で使用する形式とは焦点も画角も異なる。これは五〇cm、七〇cm、一二〇cmの大航空写真機であった。これらの大航空カメラは、初期に海外から入れたネディインスコ型の小航空カメラとほぼ同型式でそれを大型化したものと思えばよい。

形状は、木製布張りボディの長いカメラで本体の前部にそれぞれ焦点距離レンズをつけ、後部には同型の乾板倉（フィルム倉）を取りつける額縁、その前に横から挿入する着脱式フォーカルプレーン・シャッターを設置したものだった。

当初はフランス製やドイツ製のカメラを使用していたが、後に小西六がその製作を担当し、レンズは日本光学が国産化したものを用いた。

航空カメラを気球に取りつけるには、カメラ懸吊装置を用いる。気球と吊籠（ゴンドラ）の中間にある懸吊輪に鈎《フック》を取りつけ、その鈎を通して、航空カメラの前と後部の鈎輪から綱で吊り下げる。

当然カメラは気球の上昇につれて動き、航空機ほどの自由さはないが、所定の方向に向けて俯仰しやすいよう、高度その他は気球の吊籠にいる偵察者の操作によって決めることができた。

気球による撮影は、比較的低いところから遠距離を写すため斜め連続写真も可能だが、むしろ単一地域の撮影に適し、砲兵観測や工兵器材として用いられた。砲兵部隊に配備された偵察気球隊用の観測具として、主に七〇cmの航空写真機を取りつけていたが、ゴンドラには他に百式一〇cm双眼鏡、八九式双眼鏡、俯角測定機や方向角測定機などをのせ、ノモンハン事変にも参加した。

垂直写真と斜写真の使用分類

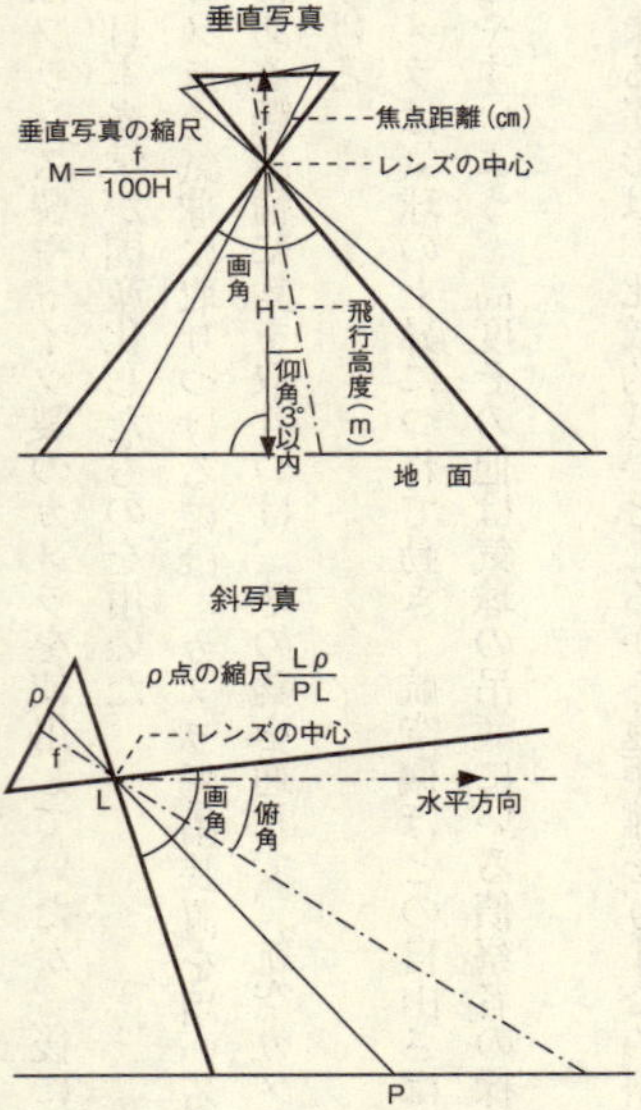

　ではここで航空機からの空中写真原理をかんたんに説明しよう。空中写真は方法は大きく分けて垂直写真と斜写真とに大別することができる。別に双眼写真や、また同じ垂直写真でも撮影目的による各種の撮影法があるが詳細は省略する。

　垂直写真とは、カメラの視軸を航空機の機軸に直角に下方に向けて取りつけ撮影したもの、すなわち地面に対し直角に撮影したもので、もっとも地図的性質を持ち、地上の物は掩蔽下にあるもの以外は、かくすところなく全部写しとることが比較的可能である。

こうして写された物体はすべて平面的であり、同一フィルム（乾板）上なら物の大小の比はみな一定梯尺であるから、写真上に距離を測定したり、物体を調べるにはこの垂直写真にかぎるのである。

いっぽう、斜写真は、カメラの視軸と地面との角を任意の角度で写すため、手前のものは大きく先へ行くほど小さく写されるが、高所から俯瞰した感をあたえ、物を見わけたり、高さを比較することが垂直写真よりも容易であり、戦場の掩蔽部でも方向によっては写し出すことが可能である。ただし写真上での距離を測るには、特殊な方法を講ずる必要があり、これにはやや不便さを感じるかも知れない。

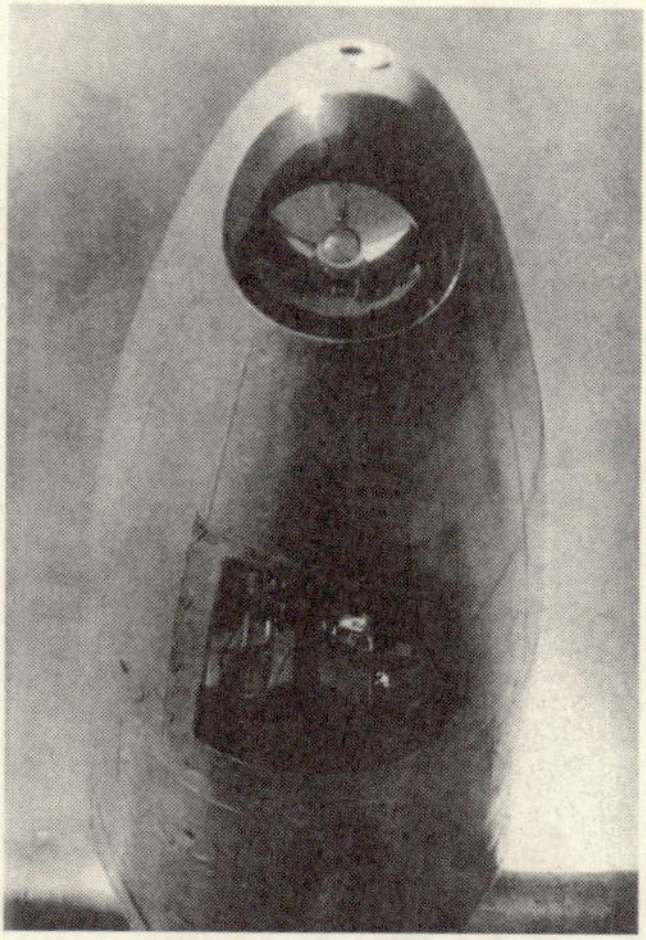

機首の下に設置された航空カメラ

垂直写真の梯尺というのは、地上の物の大きさとその写された写真上の大きさの比をいうもので、たとえば一〇〇メートルある長さの橋が写真上には一センチの長さで現われているとすれば、その写真の梯尺は一万分の一という。

梯尺は撮影高度と、使用航空カメラのレンズの焦点距離により左右されるもので、次の式で表わすことができる。

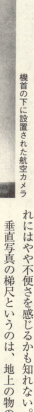

$$\frac{\text{レンズの焦点距離}}{\text{撮影高度}}=\text{梯尺}$$

すなわち高度が同一なら焦点距離の長短により、また使用カメラが一定ならば高度の大小より、梯尺の大小を左右するものである。

高度は航空機に装着してある高度計の指度によって計る。梯尺がわかれば乾板なりフィルムなりの大きさにより、その一辺に何メートル入るか、または一乾板の収容面積も自然にわかってくる。それを表にしたものがある。

この表で撮影の際×%重ねにするためには、何メートルごとに撮影すればよいか、あるいは数コースを写す場合のコースの間隔を何メートルにとればよいか、またある地域を写すために乾板は何枚必要とするか、ということも、算出判断ができるわけである。

空中写真撮影は、操縦者と偵察者との協同作業でなり立ち、その作業感が一致していることがもっとも必要であった。

空からの斜写真は写す目標にたいし、所定の高度俯角に撮影できるよう航空機を誘導し、偵察者は所要の方向からこれを撮影するため比較的に容易だが、垂直写真とくに連続垂直写真の場合は、つぎの測定にしてかからないと写せないのである。

現在ABを撮影コースとし、A点でBの方向に航空機を向けたとする。そのとき左の矢の方向から風が吹いてくるとすると、航空機はBの方に機首を向けたまま右の方に流される。

航空機の固有速度が単位時間にＡＢの長さで現わされるとし、Ａ点は進入した機体が単位時間にＣ点に流されてきたとすると、角ＢＡＣを偏流角という。Ｃ点を中心とし、ＡＥを半径として描いた円がＡＢと交る点をＤとしたら、角ＥＤＣを修正角という。ＥＣは風の方向と強さをしめすことになる。

各種航空寫眞機ニ依ル縮尺及收容範圍

焦點距離25糎				焦點距離25糎				焦點距離50糎				焦點距離50糎			
高度(米)	縮尺	地上實距離		高度(米)	縮尺	地上實距離		高度(米)	縮尺	地上實距離		高度(米)	縮尺	地上實距離	
		13糎辺	18糎辺			18糎辺	24糎辺			13糎辺	18糎辺			18糎辺	24糎辺
500	2000	240	340	500	2000	360	480	500	1000	120	170	500	1000	180	240
600	2400	288	408	600	2400	432	576	600	1200	144	204	600	1200	216	288
700	2800	336	476	700	2800	504	672	700	1400	168	238	700	1400	252	336
800	3200	384	544	800	3200	576	768	800	1600	192	272	800	1600	288	384
900	3600	432	612	900	3600	648	864	900	1800	216	306	900	1800	324	432
1000	4000	480	680	1000	4000	720	960	1000	2000	240	340	1000	2000	360	480
1100	4400	528	748	1100	4400	792	1056	1100	2200	264	374	1100	2200	396	528
1200	4800	576	816	1200	4800	864	1152	1200	2400	288	408	1200	2400	432	576
1300	5200	624	884	1300	5200	936	1248	1300	2600	312	442	1300	2600	468	624
1400	5600	672	952	1400	5600	1008	1344	1400	2800	336	476	1400	2800	504	672
1500	6000	720	1020	1500	6000	1080	1440	1500	3000	360	510	1500	3000	540	720
1600	6400	768	1088	1600	6400	1152	1536	1600	3200	384	544	1600	3200	576	768
1700	6800	816	1156	1700	6800	1224	1632	1700	3400	408	578	1700	3400	612	816
1800	7200	864	1224	1800	7200	1296	1728	1800	3600	432	612	1800	3600	648	864
1900	7600	912	1292	1900	7600	1368	1824	1900	3800	456	646	1900	3800	684	912
2000	8000	960	1360	2000	8000	1440	1920	2000	4000	480	680	2000	4000	720	960
2100	8400	1008	1428	2100	8400	1512	2016	2100	4200	504	714	2100	4200	756	1008
2200	8800	1056	1496	2200	8800	1584	2112	2200	4400	528	748	2200	4400	792	1056
2300	9200	1104	1564	2300	9200	1656	2208	2300	4600	552	782	2300	4600	828	1104
2400	9600	1152	1632	2400	9600	1728	2304	2400	4800	576	816	2400	4800	864	1152
2500	10000	1200	1700	2500	10000	1800	2400	2500	5000	600	850	2500	5000	900	1200
2600	10400	1248	1768	2600	10400	1872	2496	2600	5200	624	884	2600	5200	936	1248
2700	10800	1296	1836	2700	10800	1944	2592	2700	5400	648	918	2700	5400	972	1296
2800	11200	1344	1904	2800	11200	2016	2688	2800	5600	672	952	2800	5600	1008	1344
2900	11600	1392	1972	2900	11600	2088	2784	2900	5800	696	986	2900	5800	1044	1392
3000	12000	1440	2040	3000	12000	2160	2880	3000	6000	720	1020	3000	6000	1080	1440
3100	12400	1488	2108	3100	12400	2232	2976	3100	6200	744	1054	3100	6200	1116	1488
3200	12800	1536	2176	3200	12800	2304	3072	3200	6400	768	1088	3200	6400	1152	1536
3300	13200	1584	2244	3300	13200	2376	3168	3300	6600	792	1122	3300	6600	1188	1584
3400	13600	1632	2312	3400	13600	2448	3264	3400	6800	816	1156	3400	6800	1224	1632
3500	14000	1680	2380	3500	14000	2520	3360	3500	7000	840	1190	3500	7000	1260	1680
3600	14400	1728	2448	3600	14400	2592	3456	3600	7200	864	1224	3600	7200	1296	1728
3700	14800	1776	2516	3700	14800	2664	3552	3700	7400	888	1258	3700	7400	1332	1776
3800	15200	1824	2584	3800	15200	2736	3648	3800	7600	912	1292	3800	7600	1368	1824
3900	15600	1872	2652	3900	15600	2808	3744	3900	7800	936	1326	3900	7800	1404	1872
4000	16000	1920	2720	4000	16000	2880	3840	4000	8000	960	1360	4000	8000	1440	1920
4100	16400	1968	2788	4100	16400	2952	3936	4100	8200	984	1394	4100	8200	1476	1968
4200	16800	2016	2856	4200	16800	3024	4032	4200	8400	1008	1428	4200	8400	1512	2016
4300	17200	2064	2924	4300	17200	3096	4128	4300	8600	1032	1462	4300	8600	1548	2064
4400	17600	2112	2992	4400	17600	3168	4224	4400	8800	1056	1496	4400	8800	1584	2112
4500	18000	2160	3060	4500	18000	3240	4320	4500	9000	1080	1530	4500	9000	1620	2160
4600	18400	2208	3128	4600	18400	3312	4416	4600	9200	1104	1564	4600	9200	1656	2208
4700	18800	2256	3196	4700	18800	3384	4512	4700	9400	1128	1598	4700	9400	1692	2256
4800	19200	2304	3264	4800	19200	3456	4608	4800	9600	1152	1632	4800	9600	1728	2304
4900	19600	2352	3332	4900	19600	3528	4704	4900	9800	1176	1666	4900	9800	1764	2352
5000	20000	2400	3400	5000	20000	3600	4800	5000	10000	1200	1700	5000	10000	1800	2400
5100	20400	2448	3468	5100	20400	3672	4896	5100	10200	1224	1734	5100	10200	1836	2448
5200	20800	2496	3536	5200	20800	3744	4992	5200	10400	1248	1768	5200	10400	1872	2496
5300	21200	2544	3604	5300	21200	3816	5088	5300	10600	1272	1802	5300	10600	1908	2544
5400	21600	2592	3672	5400	21600	3888	5184	5400	10800	1296	1836	5400	10800	1944	2592
5500	22000	2640	3740	5500	22000	3960	5280	5500	11000	1320	1870	5500	11000	1980	2640
5600	22400	2688	3808	5600	22400	4032	5376	5600	11200	1344	1904	5600	11200	2016	2688
5700	22800	2736	3876	5700	22800	4104	5472	5700	11400	1368	1938	5700	11400	2052	2736
5800	23200	2784	3944	5800	23200	4176	5568	5800	11600	1392	1972	5800	11600	2088	2784
5900	23600	2832	4012	5900	23600	4248	5664	5900	11800	1416	2006	5900	11800	2124	2832
6000	24000	2880	4080	6000	24000	4320	5760	6000	12000	1440	2040	6000	12000	2160	2880

1. 寫眞縮尺ハ分母ノミヲ現セリ　2. 13糎×18糎乾板ヲ使用スルモノニアリテハ乾板盒ニ挿入スル爲乾板周邊ガ中枠ニカカルヲ以テ12糎×17糎トシテ地上實距離ヲ算セリ

各種航空写真機と収容表

そこでこの風の中でＡＢコース線上を真直に飛ぶためには、航空機はＡに進入した時、修正角だけ機首を風の方に向ける。すなわちＡＦの方向に向ける必要があり、こうするとその航跡はＡＢとなるのである（ただし角ＥＤＣと角ＥＡＦはひとしいとする）。この測定を通常流角測定といっている。

このため、各種の測定器を使用して、これを測定し撮影

撮影コースの修正角測定図

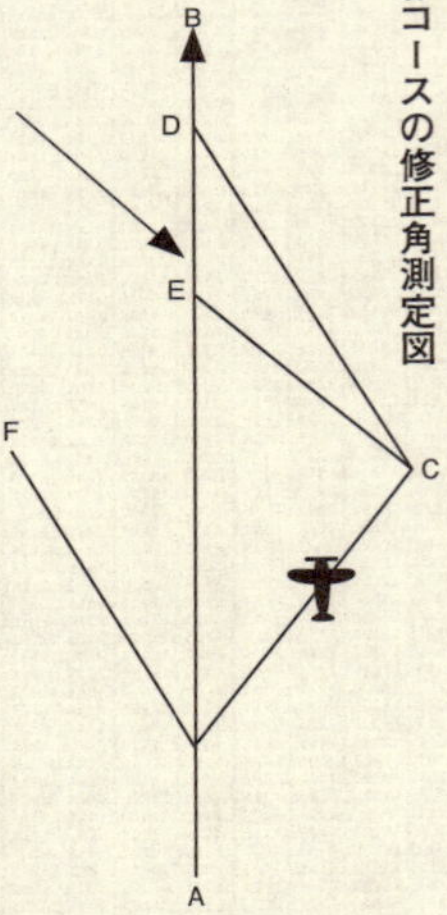

に入るのであるが、なお、撮影が長時間にわたる時は、ときどき測定の修正をおこなわないと、撮影間に風向・風速が変化して各コースが平行しないことになる。

撮影時間のタイムラグ設定

つぎに前の姿勢でＡＢコースを飛ぶ時、対地速度は秒速何メートルかということを測定する。これをたとえばＡＢの距離があらかじめわかっている場合には、それを通過するに要す時間を測り、秒速何メートルということを出す。つぎに写真の重ね（ダブル）は何％にするかは出発前に打ち合わせてあり、たとえば五〇％なら梯尺の表で五〇％は何メートルということを読み、その距離を通過するには何秒かかるかを算定する。

そうすると撮影は何秒間隔で写せば五〇％重ねになるということがきまるわけである。すなわちこの時間ごとに写した写真は確実に五〇％重ねのものができることになる。

航空部隊における空中写真撮影に関する命令は、上は軍司令官より、下は飛行中隊長にいたるまで発令者はその目的を明示し、その撮影方法は実施者に一任されていた。また偵察実施者はその目的にかんがみ、撮影当時の状況を考慮し、任務達成に全力を投じた。

高級指揮官の飛行隊にあたえる撮影命令は利用目的に差異はあるが、敵情を視察しまた地図的利用の目的が大半で、撮影に関する具備すべき事項は、一利用目的、二撮影地域、三写真提出期日の最大限（遅くとも何日何時）、四そのほか要すれば友軍掩護機の行動および提出部数、要度などに関する事項であった。

上級司令部からの命令にたいし飛行隊では撮影計画を立て、利用目的、撮影地域（地点）などにもとづき天候、気象、敵の防空機または地上からの攻撃を考慮し、撮影法、撮影高度および乾板縦横の重なりなどを決定する。

携行乾板数あるいはフィルム数をととのえ、撮影航路、撮影間隔、飛行法、針路修正および対地速度の測定場所や方法、進入法、撮影開始点、終末点および撮影結果の良否の点検などに関して綿密な計画が立てられた。また斜写真にあってはさらに撮影のための方向俯角などをあらかじめ定めておく必要があった。

空中写真撮影には偵察撮影と測量撮影があり、前者は戦場での状況を主とし、そのため比較的狭少な地域を撮影するのを常とする。

この偵察撮影は現戦場判読を主目的とするために写真傾斜などの撮影条件はほとんど考慮せず、単に目標物が写っておりさえすればよいという考えが強くなる。そのため道路、鉄道、河川などに沿って撮影する場合には、その屈曲のまま蛇行状に撮影するのが普通であり、また斜写真を使用する場合もすくなくない。

偵察撮影に使用するカメラは自動航空写真機を使用するのが普通だが、ごく狭い地域あるいは特火点などを目的とする場合には、焦点距離の長い手持ち写真機を使用する場合もある。

この自動航空写真機はフィルムを使用し、画形（写真の大きさ）は一八×一八cm—三〇×三〇cmで、手持ち写真機の場合一三×一八cmの乾板を使うのが普通であり、航空機上で即あつかえる利点があった。太平洋戦争の緒戦、真珠湾攻撃での当時の写真はみなこの手持ち写真機から撮ったものだ。

測量撮影の場合は、あらかじめ地図を作ることを目的として一定の計画にしたがって骨幹撮影ならびに表面撮影を実施し、特別な場合にかぎり斜連続写真を利用する。また特に要地の判読を確実にするため焦点距離の長い写真機による要地撮影をおこなうこともある。

陸軍の航空写真機材の源

日本陸軍の航空写真器材導入の初めはどのようなものであったか、それをのべてみよう。

陸軍航空の発達はフランスに大きな影響を受けている。初期に採用した飛行機はアンリー・ファルマンやモーリス・ファルマンであり、少し年月をへてきて戦闘機、偵察機にわかれてきたころも、まず戦闘機はニューポールやスパッド、偵察機はサルムソン（日本名、乙式一型）、爆撃機も輸入されたものは多分ファルマン・ゴリアートであったと思われる。したがって、これらの機体にともない使用された航空付属品や器材もフランス製品が主になったのもムリからぬことであった。

航空写真機も、まず偵察用の航空写真機として、準制式に輸入整備されたのはフランス製品で、これは本当の名称も記録もないが、鉄板製で可変スリット式のフォーカルプレーン・シャッターを有し、垂直写真用は判の大きさ一八×二四cm、レンズは関係口径四・五、焦点距離五〇cmであり、斜写真用は口径四・五、焦点距離二五cmで、判の大きさは一三×一八cmであった。ただし、他の大部分の構造は両者ともほとんど同じだが、フィルムは使わず一ダース入の乾板倉を使った。

第一次大戦の結果、ドイツからの押収品として入ってきたのが、ネディンスコ型の航空写真機で、これは焦点距離による種別が二五cmのものから五〇cm、七〇cm、一二〇cmと四種類あり、いずれも判の大きさ一三×一八判で、半ダース入の乾板倉を主として使用し、フィルム倉も使用できるようになっていた。

レンズは二五cmと五〇cmとは関係口径四・五のテッサー、七〇cmと一二〇cmとは関係口径五・六および七のトリプレット型であった。

これらドイツ製航空写真機はなかなか評判がよく、その後かなりの期間にわたって使用された。その中でも二五cmのものは手持ち式専用で、ドイツ製品らしい堅牢さと確実さとが見られ、後にこのモデルを参考に国産化された。

七〇cmと一二〇cmとは日本で主に気球からの偵察用に使われ、後にこれも国産化して工兵器材として装備された。五〇cmのものは飛行機に装備し、垂直写真撮影用に使われるものであったが、判の大きさが長い方で一八cmもあり、単一撮影にはよいが地域撮影には不向きであった。

ちょうど陸軍の航空写真利用が多くなるにつれ、地域撮影要求の声が大きくなりつつあった時代で、間もなくアメリカ製のフェアチャイルド航空写真機に代わった。

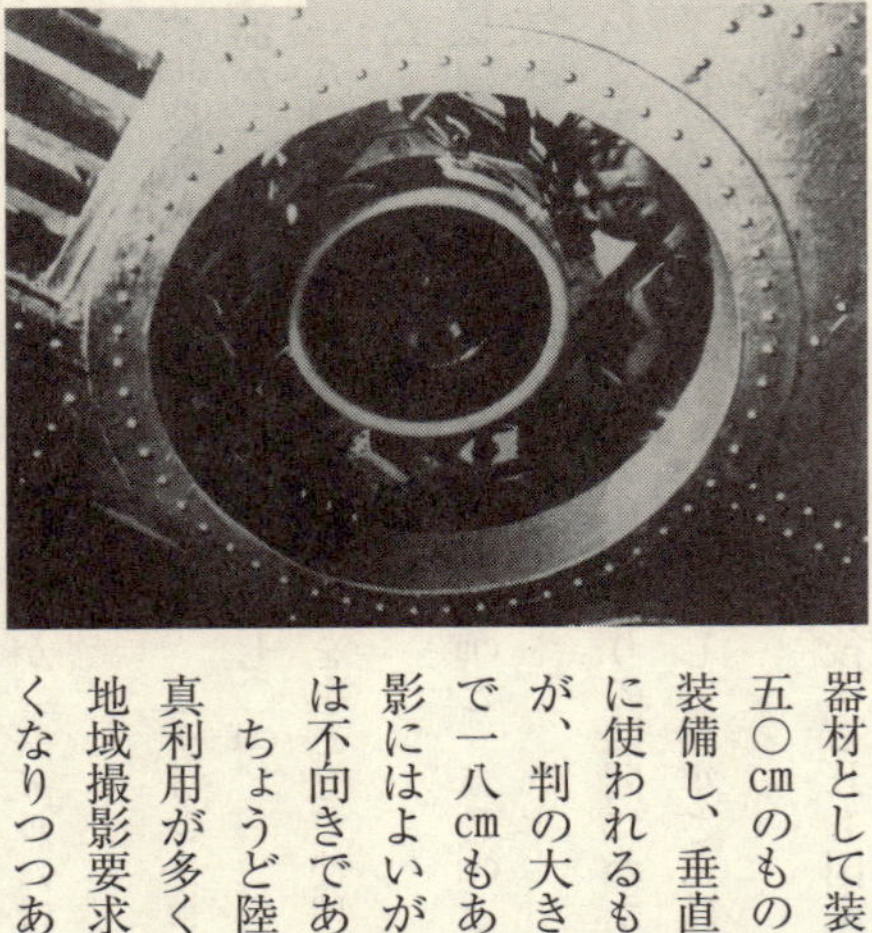

(上)輸入された自動航空カメラ
(下)機内に設置された自動航空カメラ

自動航空写真機は前述の地域写真を撮るために連続撮影の必要性から生まれたものであったが、陸軍の航空部隊がテストしたのは、メスター自動航空写真機であった。このボディは全木製合板作りで、焦点距離五〇cmと二五cmの二種あり、特異点は画の大きさ二四〇×七〇mmで、つまりグランデュアフィルムを使ったこと、シャッターはフォーカルプレーンだが、そのスリットの両端における間隙を中央よりやや大きくし、画面上の光量差を規正しようとしてあったこと、フィルターを画面直前に装置する方法を採ってあったこと、さらに撮影時間間隔の測定器を別にそなえていたことなどであったが、実際には部隊でテスト研究に用いられた程度でおわった。

次にアメリカ製フェアチャイルド社のK3型およびK8型を調査した。これはなかなか優秀であり、これは後に一号自動航空写真機として国産化され、制式航空器材として多く使用された。この一号自動写真機はいずれも画面の大きさ一八×二四cm、レンズ口径四・五テッサー型、焦点距離は五〇cmと二五cmとあり、鏡間シャッターをそなえた電動式で、連続撮影にはモーター駆動による撮影間隔調整器をそなえていた。

アメリカのフェアチャイルド社は数種類の航空写真機を造り、米軍や海外にも輸出していたが、日本でもこれを買い求めてテストし、良好さを認め国産化したものである。

このころから、日本の陸軍航空でも、ようやく航空カメラの需要増大にともなう国産化の促進気運が旺盛となり、まず最も需要があるネディンスコ型手持ち航空写真機の国産化が開始され、「小西六」や桂製作所で製作された。またほとんど同時に航空写真用レンズ、フィルターの国産化が企画され、そのため光学ガラスについては「日本光学」や大阪工業試験所、また、フィルターについては昭和七年ごろ以来「岩城ガラス」に負うところ多大であった。

これらの航空写真用レンズは、まず焦点距離二五cm、関係口径四・五テッサー型を基本に航空としていろいろな必要条件を示して民間工場に研究開発を依頼したが、メーカーの富岡光学、日本光学、小西六などが国産化のため採算を度外視して努力した。

航空カメラ二つの系統

昭和八年ごろには陸軍航空写真機の主な体系はほぼ定まった。飛行機に固定整備する地域写真撮影のための自動航空写真機は、アメリカのフェアチャイルド社のK8・K3をモデルとしてこれを国産化した一号自動航空写真機の画角約六二度（焦点距離二五cmの時）のものを主流として、これに交換装備として五〇cmのレンズ筒をつけた画角約三〇度のもの、また測量用の広角度のものが少数つかわれた。

また、飛行機から斜撮影で要点偵察をおこなう手持ちの小航空写真機は、ネディンスコ型から発達した小航空写真機（二五cm）を起源とする画角約四七度前後のものであった。

昭和九年ごろにはK8をモデルとして、六桜社（小西六）で国産化した一号自動航空写真機はすでに完成し配備された。このころの兵器採用は、後の小航空写真機のように、国産化するためまず試作をおこない、その審査がおわったのち整備発注をおこなうという行程をとるのではなく、試作からただちに整備であったといってもよい。

しかし、この方法から生まれる欠点は、幸い研究担当官が監督官を兼務していたため、これは円滑におこなわれたようである。

一号自動航空写真機は飛行機の床に設置する形式で、焦点距離二五cm、飛行機の目標に対する進入が容易であり、撮れる写真梯尺は、当時の飛行高度が二〇〇〇メートルから五〇〇〇メートルであったので梯尺は一万五千分の一前後となり、ちょうど手ごろな大きさとしてこの画角のものが標準とされた。

●小航空写真機

斜写真を撮影する小航空写真機（二五cm）は小西六で国産化されたものである。ボディ形式は木製布張りで、レンズのみ輸入品を使用していた。このカメラは形は武骨だがなかなか良好なカメラであったが、乾板が主でフィルム倉が貧弱であったこと、形は旧式で日本人にはやや大きすぎたこと、シャッターがフォーカルプレーンで画面のズレが目立つことが指摘され、昭和八年ごろには航空部隊から次期航空カメラの要求が出された。

それでもこのカメラの基本形は後の百式にいたるまでのこっており、後の航空カメラ開発の基とされた。当時の写真雑誌などで見かけるのはこのカメラであろう。

●九六式小航空写真機

わが国は昭和六年中期から満州事変、上海事変に突入し、中国とは戦闘状態にあった。偵察機の発達にともない、空中偵察の重要性は非常に大きな比重を占めていた。

九六式小航空写真機

昭和八年の末から新しい航空カメラの試作が日本光学で始められた。これは焦点距離一八㎝ブレンズ・シャッターをもつ航空写真機で、各種テストをへて昭和十一年に制式採用、皇紀年号二五九六年ということから、九六式小航空写真機と名づけられた。

この写真機は後に日本光学のほか、小西六や桂製作所でも製造された。

九六式小航空カメラの出現と前後して、陸軍技術研究所でも独自の航空写真機を研究しており、これは複焦点小航空写真機と呼ばれ、小西六でなかば自主開発の形で進められて技術研究所で購入したが、九六式研究の進行とともに一時中止を余儀なくされた。

この試作複焦点小航空写真機は、後の百式とくらべるときわめて簡素にできていて、フィルム倉は着脱式で、レンズの焦点距離を伸ばすには暗箱の横蓋を開き、レンズをフィルム側から被せる形式であった。

九六式小航空カメラが配備されて少したつと光学ガラスの国産化が進み、航空写真用レンズが国内でも作られるようになり、そのため写真梯尺の換算に不自由な一八㎝のレンズを使う必要性がなく、またカメラ部品が多くて工作に精度を要し、部隊でのトラブルが多かったので、新たな写真機を開発する事になった。

●百式小航空写真機

九六式小航空写真機の不備な点が出て、新たに小航空写真機の改良型を作ることになり、昭和十三年ごろ、小西六に試作命令が出された。小西六では試作の基本要目を検討し、前に一時中止となっていた複焦点航空写真機、フェアチャイルド社のF８型カメラ、およびこれをそのまま小西六で国産化し、海軍で使用したF８型手持ち航空写真機が参考とされた。

これは二〇cm、四〇cm、レンズを着脱交換式としたもので、焦点距離二〇cm、四〇cm、カビネ判、フィルムは一八×三cm、昭和十五年に「百式小航空写真機」として制式採用された。この百式は見本としたF８航空カメラよりはるかに小型軽量であり、要点撮影用航空写真機としては傑作といわれる航空カメラで、終戦まで航空部隊で使用された。

昭和十二年ごろから、太平洋戦争初期ごろまで航空部隊で使用されていた航空カメラは、これまでのべてきた一号自動航空写真機および小航空写真機（二五cm）、九六式小航空写真機、百式小航空写真機があり、すなわち全体的にみれば、連続地域垂直写真撮影用の飛行機着脱式で自動式航空写真機と、要点撮影用に使用する手持ちで斜撮影をおこなう航空写真機との二つの偵察用航空写真機を太い幹とし、これに飛行機の任務または飛行高度により、さらにまたいろいろな制約との要求により、少量ずつ各種の航空写真機が加わっていた。

　この自動航空写真機の系列としては、夜間航空写真機、小航空写真機乙、広角度航空写真機、高高度航空写真機などがこの幹の枝として存在し、また小航空写真機の系列としては極小航空写真機、小型望遠写真機があり、気球用としては、飛行機から移行された大航空写真機（五〇cm）、工兵器材とされた大航空写真機（一二〇cm、七〇cm）、一m大航空写真機、二m大航空写真機などがあった。

百式小航空写真機

閃光弾を使った夜間撮影

●夜間航空写真機
　この航空カメラは、夜間でも敵情および要点地域を撮影する目的から開発されたもので、昭和五〜六年頃から研究に着手した。これは陸軍航空技術研究所が撮影法とカメラ本体の研究を行ない、フラッシュのかわりをする閃光弾の研究は技術本部の援助を受けて行なわれていた。

その後、夜間テストの目前に閃光弾爆発により人命が失なわれる事故が発生したため、この研究は一時中止されてしまった。

だが、中国との戦端が開かれると、夜間偵察の実用価値が再び注目されるようになり、研究も再開された。

夜間撮影の設備と閃光弾による照明

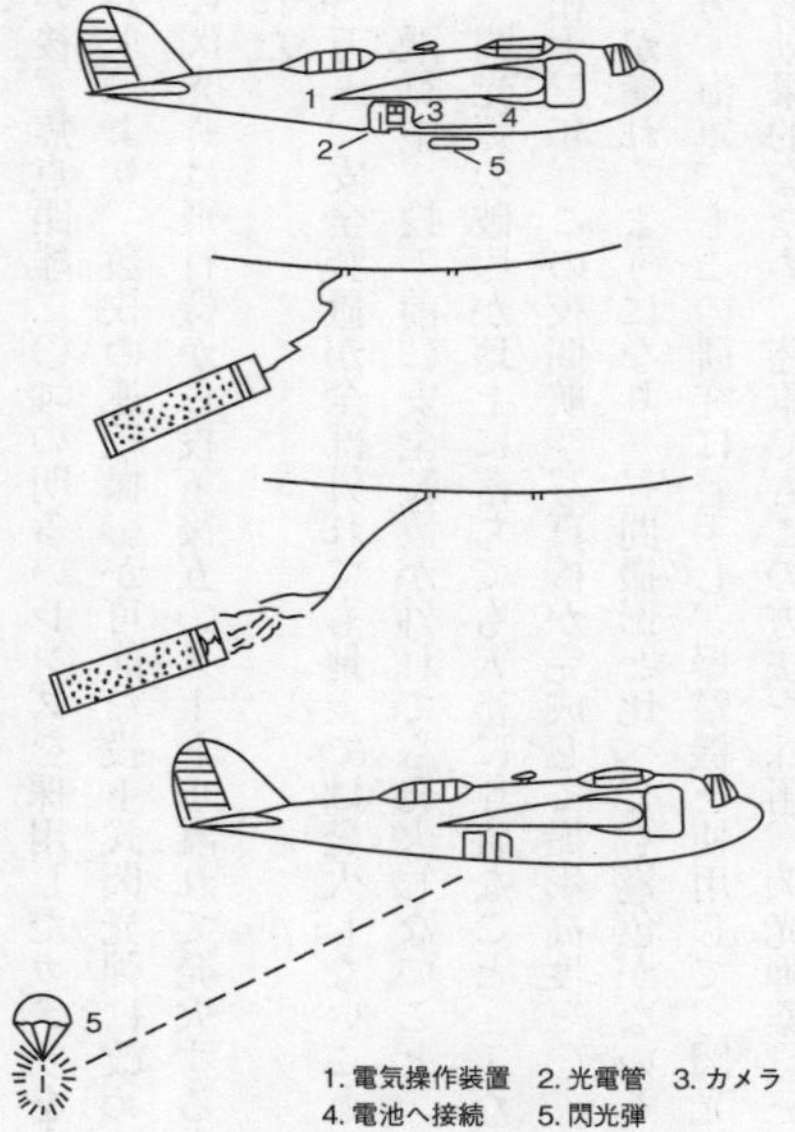

夜間航空写真機は、当初飛行機に垂直に取り付けられ、光源として三・五キロのマグネシウムを入れた閃光弾を飛行機から曳航し（コードで約三〇メートル）、これを電気的に点火して撮影を行なっていたが、なにしろ曳航弾一発につき一回しかフラッシュ撮影ができず、撮影するたびにコー

ドを巻きもどして曳航弾を付け替えなければならないため長時間を要した。

その後、焦点距離二〇cmの明るいレンズを採用したカメラを完成させ、また下志津飛行学校の要求により、数枚の連続撮影が可能な投下式閃光弾に改めるようになる。

この閃光弾は飛行機から投下後五〇メートル離れて発火するもので、次の点に苦心の跡がみられた。
一、万一、安全装置が全部外れても地上では発火しないこと。
二、飛行中、投下前に安全装置が外れても発火しないこと。
三、閃光弾の破片が地上に落ちても人畜に無害なこと……などであった。
昭和十三年、この夜間航空写真機が完成して撮影高度三〇〇～五〇〇メートルで六枚の連続写真が撮れるようになり、昼間撮影と比べても遜色がないくらいの仕上がりとなった。

一方、海軍でもこの研究に着手し、爆撃機を使用して、閃光弾一〇キロ以上でテストしたところ効果的なため、陸軍でもこの方法を採用、閃光弾薬量三・五キロで高度七〇〇からの撮影も可能となったのである。

●小航空写真機乙

名称は小航空写真機であったが、前の偵察用とは使用目的の異なる爆撃効果判定用の自動航空カメラである。

爆撃判定用写真は、初めは爆撃後に旋回してその効果を斜め写真で撮影していたが、中国への爆撃が多くなるにつれ、本格的な爆撃効果判定専用のカメラが必要となった。

このカメラの具備条件として、装着のため機体に大きな開口を要さないこと、小型軽量でしかも比較的長焦点であること、さらに操縦席から遠隔操作が可能なことなどがあげられた。

この航空写真機は東京光学で試作され、焦点距離四〇cm、画面一八×一八cm、遠隔操作が可能で、外形は偵察用小航空カメラに機体固定枠を取り付け、少々大きくした様なものであった。このカメラは、浜松の陸軍飛行学校で実用テストを受け制式に採用された。

●後期の気球用航空写真機

気球用の航空カメラの概略は前にのべた通りだが、後になって特種な形状を持つ気球用航空カメラも開発された。

戦争中期、木製の小航空カメラ（二五cm）が金属製の九六式航空カメラと前後して、大航空写真機（五〇cm）も金属製に改良された。そして、熱膨張によりカメラが伸縮して焦点面が狂うのを避けるため、骨組みの四隅をインバール製とし、さらにアルミ板を張って補強した。

また、ほかの面は木製布張りに準じて製作されており、このため重量は大分軽くなった。

気球用航空カメラとしては、さらに垂直写真用の高高度航空写真機と同じ目的から、斜写真のための長焦点写真機の開発が望まれた。

昭和十七年、小西六は一mの航空カメラを自発的に開発したが、これを陸軍第五航空技術研究所の吉田技師のアイディアで屈折式とし、長焦点でしかも手持ち操作が可能な航空カメラとして製作した。

この航空カメラは一m大航空写真機二型として制式採用されたが、それまでの長い手持ちカメラを途中から「くの字」に曲げた形で、持ち運びには曲げたところを肩にかけることができ、通称〝ショルダー・カメラ〟と呼ばれた。

製作担当は小西六で、メカニズムはイギリスのウィリアムソン・カメラF－24を原型としたアメリカ戦時型航空カメラK－24の長所を大幅に取り入れて製作されたものである。

なお、このカメラの前身である真っすぐな一m航空写真機は、海軍により「陸式一米航空写真機」の名で制式採用された。

量産されなかった優秀機

●極小航空写真機

この航空カメラは従来の小航空写真機より小型・軽量で使いやすく、偵察機ばかりでなく戦闘機でも容易に携行して使用することができた。パイロットが手軽に写せる航空カメラというのが目的で、昭和十年頃から東京光学、日本光学、小西六の三社で試作された。

このカメラの製作には陸軍航空技術研究所が概略の主要条件を出し、その他は各社独自の創意設計によるものであった。

技研の主要条件というのは、焦点距離七・五cm、ゼンマイ自動式でフィルムは一二〇番六×六判で、三倍に引き伸ばせることを原則とした。

最初の試作品である日本光学の第一号カメラは、陸軍が編成したソ満国境空中偵察班が携行し、実戦での使用も充分できるとし、折から険悪な状態になりつつあったノモンハン、ホロンバイル地域の撮影に成功している。

その一方では、ライカにハンドル、オモリなどをつけて数千枚の空中写真をとるなどの試験をくり返し、その結果、これをもとに日本光学と小西六が試作を行ない、昭和十五年に「九九式極小航空写真機」として制式化された。

また、陸軍は極小航空写真機と同じ目的で、昭和十四年頃から東京光学に依頼して、ライカ判の望遠航空カメラを数種試作させた。このカメラは焦点距離二〇cm、三〇cm、五〇cmのライカ判三種で、それぞれの視界に合わせたファインダーを有していた。

カメラ自体は非常に精巧だったが、結局制式にならずに終わった。なお引き伸ばしには前の極小航空写真機用の拡大焼付器を使用する予定だったという。

●同調式航空写真機

高高度航空撮影には長焦点レンズが必要なことはいうまでもないが、これを作るガラスは簡単には得られないため、レンズは従来の暗いものを使い、露出時間を延長することによりそれをおぎなう航空カメラが設計された。

昭和十六年にこのカメラが試験され、一応の効果をあげることができた。このカメラは現在のパノラマ・カメラと似た構造を持っていて、レンズによる地上目標の像と同調、フィルムを流して撮影するものであった。

この年の十二月、日本は第二次大戦に突入するが、この種の航空カメラは戦場の超低空撮影用として実用価値を認められ、陸軍は改めて超低空撮影に即応できる航空カメラを注文した。

設計された同調式カメラは比較的長い露出と同時にフィルム画面を目標像の移動と同調して動かす「同調式」と、スリットの後ろにフィルムを目標像の移動と同調して流す「ストリップ・カメラ」の二種類があり、前者を桂製作所、後者はマミヤが担当した。

この試作とテストの結果、高度五〇メートルでも良好な成績をおさめたため、このカメラの実用試作を小西六に発注した。

結局、このカメラは時間切れで量産にはならなかったものの、優秀な機能を持ち、焦点距離二五cm、フィルム幅は二四cm、同調式にもストリップ・カメラにもなるほか、二本のフィルムにスリット二個を用いてステレオ撮影も可能であった。

さらに赤外オーソ・フィルムを装填して、比較判読用写真の撮影も可能という、欲ばった設計であった。

海軍の航空カメラ

日本海軍も初期は陸軍と同様な木製ボディの小航空写真機やその他の航空カメラを使用していたが、実戦ではどうだったのかあまり大きな記録はみられない。

●九九式小型航空カメラ

日華事変の初め、海軍はアメリカからセバスキー2PA複座戦闘機を購入して、風雲急をつげる中国大陸へ派遣したが、これらの多くは現地では小型高速偵察機として使われた。

これをきっかけに国内でも各種の偵察機が開発されるようになり、昭和十年頃からは、一四式水偵、九〇式水偵などにかわって、傑作機の誉れも高い九四式水偵が第一線に配備されるようになる。

また陸軍飛行部隊による大陸での偵察活動が活発化するにつれて、海軍でも次第に航空機による海上捜索任務が重要視されるようになり、空中写真偵察の利用度はますます高まっていった。

しかし、小型高速機では従来の二五cm手持ち式航空カメラの使用は不可能であり、強行偵察および戦果確認用として、機上での取り扱いに便利な小型航空カメラの開発が要望され、海軍も研究を開始した。

海軍側が写真偵察および戦果確認用として、小型高速機の使用に適する航空カメラに課した要求は、
一、小型で、風防外での操作が可能なこと。
二、撮影速度は毎秒一枚程度。
三、撮影目標から目を離さずにカメラの操作が可能……。
などで、これらを研究主題として昭和十四年に富士写真、小西六などに提出された。

この結果、完成したカメラは九九式小型航空カメラと名付けられ、制式採用となった。九九式の性能・諸元は、鏡玉ヘキサー一五センチ、F3.5レンズ、写角縦28°、横36°30′、対角線45°20′、絞り3.5~9（四種類）、ロールフィルム使用、画判寸法七・五×一〇cm、撮影枚数一〇~六枚、起倒ワク式照準器、重量四キロ。

フィルムおよびシャッターの巻上げは右のレバーを90°、往復二回の回転操作で行なうが、幕幅一二cmに対し1／500秒の高速シャッターを正確に切ることは技術的にも無理があり、設計には苦心したといわれている。

九九式小型航空カメラは地上／機上兼用型と機上専用型の二種があり、兼用型は距離調節機構および緩速シャッターを持つ。横須賀海軍航空隊で試験の結果、いろいろと故障はあっ

たものの改良の後に実用段階に達し、前線の各部隊に配備されたのは、昭和十八年頃からである。

●垂直撮影用大型航空カメラ

太平洋戦争開戦当初の、偵察高度が四〇〇〇〜六〇〇〇メートル程度であった時期、偵察部隊は焦点距離二五cmのレンズを使用して一般偵察および要図作成を行なっていた。連合軍の反撃が始まり、ガダルカナル戦（昭和十七年八月）以降から制空権は次第に失われ、海軍の偵察機も高高度偵察を余儀なくされるようになってきた。

一方、この時期は二式艦偵を筆頭に、陸軍から譲渡された百式司偵などが出現する時期と合致する。また新鋭の彩雲も発注され、偵察高度は一万メートルに達した。そのため大梯尺の写真が要求されるようになり、昭和十八年に長焦点カメラの本格的な開発研究（高高度から隠密裏に垂直撮影する長焦点カメラと、その撮影法の研究）が始まる。

カメラは固定式のK－8を改造したもので、重量軽減や小型化が計られていた。

また機体への装備方法については、彩雲に三台のカメラを装備して撮影地域を拡大する実験を行なったほか、左右20°の首振り装置を持つ航空カメラや、赤色／緑色光の交互撮影によって地上目標を判読するフィルター自動交換機構なども試作したが、実用化されずに終わった。

昭和十九年、海軍は高度一二〇〇メートル程度の偵察任務用として焦点距離七五cmで広い左右画面を持つカメラを要求した。

これに対し、空技廠は日本光学や小西六など光学会社と協力して八〇cm望遠レンズを持つフォーカルプレン・シャッター式、画判三六×二四cmの航空カメラを試作したが、こちらも実用となる前に終戦を迎えた。

●傾斜撮影用大型航空カメラ

太平洋戦争も中期になると、視界外の遠距離から隠密に敵艦船群や飛行場を撮影できる長焦点カメラの必要性が高まってきた。さらに一式陸攻などの大型機に搭載して傾斜撮影することにより、遠距離から敵の艦種や機種を識別できる次のような長焦点カメラが試作された。

①試製一米航空カメラ（F10）

機体に装備して斜め方向を撮影するため、陸軍の試作カメラをもとに小西六で製作されたが、種々の欠点が目立ち、利用価値はあまりなかった。

②試製一米航空カメラ（F5.5）

昭和十六年に空技廠で試作したF5.5レンズ付きのカメラ。F10のレンズの欠点を改善するために製作されたもので、テストの結果、レンズの性能は優秀だったが量産性が悪く、また重量も大きいため機上装備がむずかしく、結局実用にはいたらなかった。

③試製長焦点カメラ

このカメラは、量産が容易なように焦点距離を七五cmに短縮し、明るさもF6として昭和十七年に小西六が試作した。

完成を待って横須賀航空隊が機上テストを行なった結果、優秀な成績をおさめた。そのため陸偵の高高度垂直撮影用、あるいは大型機による斜め遠距離偵察用に採用され、十数台が製作された。

このカメラの場合大型機に懸吊装備する予定だったが、完成した昭和十九年には、戦局はすでに思わしくなく、使用するチャンスは失われていた。

④仮称四式航空カメラ

陸軍の手持ち一m航空カメラの改良型で、レンズ後方の反射鏡により光を屈折させ、鏡胴を短くおさえたもの。陸軍のものは焦点距離一〇〇cm、F8であったが、海軍では七〇cm、F5.5レンズを使い、赤外線写真撮影も可能としていた。

試作品は昭和十七年に完成、続く横須賀航空隊での機上テストの結果、性能的にはあまり良好とはいえなかったが、小型なため使用方法によっては有利な点もあり、小西六において六〇台製造、一部は実戦部隊にも配備された。

●一六試夜間航空カメラ

海軍も陸軍とは別に、夜間に高高度（四〇〇〇メートル以上）からの写真撮影可能な投下式照明弾と同調する夜間航空カメラの開発を行なっていた。

カメラ本体はK－8型二五cm固定航空カメラを夜間用に改造したもので、これに微弱な光電流でもシャッターを起動できるよう、サイラトロン応用の管制器を付けていた。

使用した照明弾は仮称三式写真照明弾一型と呼ばれるもので、全重量四二キロ、光薬量二五キロ（光薬はアルミニウムおよびマグネシウム）。光量七億燭光、全長一・一〇メートル、直径二四二ミリ、燃焼時間15／100秒であった。

●空技廠八試一号航空カメラ

昭和七（一九三二）年頃から、海軍は沿岸偵察用に広範囲な写真撮影が可能なパノラマ式航空カメラの研究を各メーカーに命じた。

この航空カメラは小西六が試作を担当し、昭和九年に完成したもので、横須賀海軍航空隊は九二艦攻を使用して撮影テストを行なった。

その結果、振動や揺れによる画像のゆがみやボケもなく、機上でのフィルム交換も容易なため、特殊用途としては実用価値ありと認められた。しかし、カメラそのものは一般的でなく、構造自体も複雑だったため、結局制式採用にはならずに終わった。

聴音機システム

●高射砲部隊と連携し、侵入する敵機に備えた基本的な防空兵器

防空監視ウェポンの元祖

防空戦闘において、飛来する敵航空機をいち早く察知し、その対抗策を立てることがもっとも緊急を要するが、その察知兵器に聴音機とレーダーがある。

聴音機は第一次大戦時に、航空機の発達にともなって開発されたが、航空機の発動機音や飛行船の飛行音を感知するのはなかなか難しく、充分な効果を挙げることはできなかった。

第一次大戦後、航空機は急速に発達し、各国も防空の意味から飛行音を感知する聴音機の必要性をみとめ、色々な形式のものが製作された。

第二次大戦でもレーダーが開発され、防空察知兵器として採用されたが、まだまだ充分に効果を挙げるまでにはいかず、主要防空兵器として活躍したのが聴音機であった。

聴音機の機能は、音の集捉拡大とビノラール原理に基づいた方向制定という法則を利用し

たもので、第一の音波集捉拡大とは、直接耳で聴くことのできない音を機械的に察知測定しようというもので、いわば拡声器を逆にしたようなものである。

聴音機はそれぞれ特徴を持っており、逆拡声器原理を応用したラッパ型と、その数を多く配置した蜂の巣型、放物面の反射を利用した反射鏡型などに分けられる。第二次大戦中に各国が使用した聴音機の最大能力距離は一万メートルに達するのも多いが、その実用有効距離はせいぜい六〇〇〇メートルほどであった。

この防空用聴音機は、単独で使用される場合はなく、いずれも防空部隊の一環として、探照燈部隊や高射砲隊と協同で防空警戒の任にあたり、照空燈一基に対し一～三基の聴音機が配置されていた。

しかし、これらの聴音機にも難点があった。風雨や気象条件は聴音効果を大きく左右し、特に風が強い時には方向探知が困難であり、音が不連続でも集捉しにくいという欠点があった。

日本陸軍では、第一次大戦の経緯から大正中期に聴音機の研究が始められ、フランスから第一次大戦時の野戦で使用した小型ラッパ型の聴音機を輸入した。これは固定式で、足もとには小型固定式のラッパ管が四個配置されていた。

これは野戦向けに作られて、固定式のため塹壕などに固定して使うものだったが、移動には不便で、野外演習時に使うほかは単なる参考品としてあつかわれていた。

次に陸軍がアメリカから買い求めた聴音機は半球型反射聴音機で、この型式は中空二ミリの放物線旋転体の半球型集音機で、集音した音を導管によって聴音手の耳に集め、聴音手がその最大音感を追尾操作することにより、集音器の焦点位置に固定された受音器が音源の方向角と高低角を定め、これを察知、航空機の飛来を予測するものであった。半球型の機器の旋回と俯仰は、両側に位置する二名の聴音手によって操作される。

(上)アメリカ製の反射鏡型聴音機。(下)フランス製の蜂の巣型聴音機と付属車両

　反射型聴音機はアメリカ陸軍で採用されていたため、日本でもそれを採用したが、移動には下部に二輪の台車をすえて馬で牽引して運んだ。これはやや大型で展開には不

便を感じており、聴音追従間は音源に対して捜索動作を反復続行しなければならず、陸軍の大演習に使用したほか、主に聴音手の教育に用いていた。

陸軍は次に、フランスで採用していたソーテーアーレ社のペラン式蜂の巣型聴音機を買い求め、昭和のはじめより部隊配備を行なった。このペラン式は被牽引車上に上下左右計四個の蜂の巣型聴音機を配置したもので、原理的にはラッパ型と同様、最大音を追うシステムのものであったため、あまり精密さを求めるものではなかったが、これは当時の各国陸軍などで使用されていた。

日本ではこの蜂の巣型聴音機とトレーラー式の被牽引車も同時輸入をした。このペラン式はボックス内の聴音手が操作し、蜂の巣型をレバーで上下させ、外部には飛行機の速度を計る装置も備えていた。これは聴音手をのせたまま四輪トラックで牽引できるので野外機動性もあり、防空演習でも大いに活用され、高射砲隊や照空隊と協同で使用された。

このように陸軍は各国の聴音機を購入して使用したが、聴音機は各国共にまだ研究段階であり、いずれも一長一短があって決定的なものはなかったのが現状であった。

米国の装備品を研究

陸軍は将来の軍備を充実させるためと、当時の飛行機の発達にともなって防空の必要性を考え、海外の聴音機を参考に我が国独自に開発しようという方針を固めた。そして当時、新しくアメリカで登場したエクスポーネンシャル型聴音機を一基買い求め、これを参考に聴音機の製作に取り組むことになる。

このエクスポーネンシャル型は右に一個、左に上下三個のラッパ管を配置した形状で、アメリカ陸軍の新型兵器の一つであった。日本ではこの形式と同様の配置をした聴音機を開発したが地上安定性が悪く、アメリカのように移動用の車輪にのせることができず、設置使用時は下の車輪からはずして行なうのが普通だった。

もう一つの試作は、ラッパ管の配置によって集音にばらつきがあり、そのため三個～一個のラッパ管を上下左右と分けて製作した聴音機もあり、エクスポーネンシャル型を取り入れながらなかなかその性能に近づけるのが難しいものであった。

当時日本の技術では、聴音という新しい兵器を開発するのに資料も技術力もとぼしく、また研究者も少ないこともあって非常に難題なものであった。それでもアメリカの聴音機の原理をようやくさぐり、さらに研究を進めた結果完成したのが、「九〇式大聴音機」である。形式的にはアメリカ製や我が国で試作した聴音機によく似ているが、ラッパ管の配置を三個対一個とし、中間を左右集音、上下は高低音を探るものとした。また試作型を基に台座を四輪台式とし、ラッパ管は分解してトラックの荷台に積みこみ、要員をのせたトラックと共に高射砲隊に付随し、演習地でもただちに展開できるようになった。

試作ではやや細目に作られていたラッパ管も、聴感音をよくするため管内形状を大きく改修されている。その結果、使用時に風雨が入って雑音が多いという難点があったものの、一般的な聴音機として は海外の聴音機と比較しても良好な性能を示し、昭和五年、皇紀年号をとって「九〇式大聴音機」として制式採用となったのである。

九〇式大聴音機は、全備重量一二四〇キロ、聴音距離約九〇〇〇メートル、操作兵員は聴音手二名、測定手一名、測秒手一名、指揮分隊長と計五名で構成、その電源は近くに配置した電源車から送電される。

九〇式大聴音機

●九〇式小聴音機

この九〇式小聴音機は、大聴音機とほぼ同時期に制式化されたもので、小型軽量化することにより野戦での機動性を高め、小型のため敵機の目にもつきにくく、少人数でも操作聴音が可能なように考えたものである。

構造的には、両者共にその構造はほぼ同一で、部隊配置区分や訓練方法も同じである。音に対する濾過性や聴音能力は大型より若干劣るものの、野外での分解・組み立てや調整が容易なことから、主に野戦照空隊の聴音分隊に配属して使用されている。

九〇式小聴音機の特徴は、構造が簡単なこと、取り扱いが便利なことが挙げられるが、実地では数個の小聴音機を展開配置させ、これらを連係させた聴測網を構成することにより、小さくても総合的な聴音精度を向上することができるので、野戦要地用としてかなりの数が使用された。

小型聴音機の全備重量は二六キロ、右に三個、左に一個のラッパ管を配置し、中央に聴音架台と計算板、三個の脚で構成する。操作員は聴音および測定合わせて四名で、移動時は七個に分解して四輪トラックに積載して陣地移動を行なう。九〇式大、小聴音機は当時陸軍の最新兵器して注目を浴びていたが、開発年代が昭和初期であったため、その後の航空機の急速な発達にはその聴音能力も追いつけず、新たな聴音機の研究をせまられた。

九〇式小聴音機

●九三式大聴音機

昭和八年に「九三式大聴音機」が完成した。前の九〇式大聴音機は四輪台車でその車輪自体が小さく、良好な道路では比較的楽に移動できるが、不整地や悪路通過は無理で、それを改良して大型の台車上にのせたのが九三式大聴音機である。

　車台上に四個のラッパ管受音機と計算装置をのせ、軍用トラックに牽引されて迅速に機動することができた。受音機は左右と上下に分かれたラッパ管を配置し、二名の聴音手でこれを操作集音することができた。

　本機の受音能力は九〇式大聴音機とほぼ等しいが、受音機から得る敵機の方向と高低角は計算器の余切線図に電気的に表示される。目標の現在位置は一名の操作員によって照射データとして連続的に照空部隊の照空燈の離隔操縦機に伝えられる一方、従来九〇式のようにデータ算定、跡点描画のため隊員が、大声で発唱する必要がなく、静かになった。

　また計算装置は、風雨や気温による偏差を自動修正する機能をもち、標示する飛来位置を自動的に修正することができた。

　我が国の聴音機は、アメリカのエクスポーネンシャル型を基本に製作した形式であったが、その頃ヨーロッパではドイツのゲルツ社やフランスのソーテー・ハレー社などが開発してい

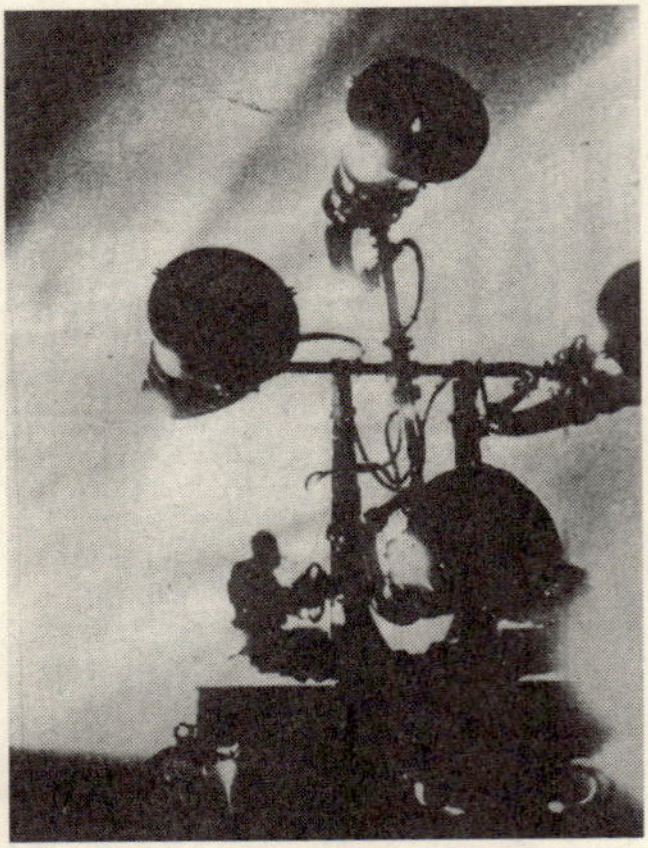
九三式大聴音機

た放物線型聴音機が話題となっていたことから、日本でもこれらの聴音機を研究してみようと取り組んだのが、試作放物線型聴音機である。

この形式は二種作られたが、まだ日本国内では防空に対する意識は少なく、陸軍でも大きな関心はもたなかった。しかし性能はともかくとして機動性にすぐれ車両搭載や折りたたんで分解でき、またこれに対する付属器材も少ないなど、野戦向けには優れた聴音機であった。

レーダー登場後も使用

●九五式大聴音機

昭和十年頃、前に製作した九三式大聴音機がいくつかの故障を発生し、このトラブルを改良しようとしたが、うまく行かなかった。陸軍は新たに聴音機の研究に取り組み、昭和十二年十一月に聴音機が完成した。制式化は昭和十三年に入ったが、研究着手年号を取って「九五式大聴音機」と命名された。

九五式聴音機の形状は、前の九三式とよく似ていて四個のラッパ管で、上下高低が二個、左右方向が二個に配列され、支脚によって十字に組み合わされている。九三式はこの支脚が弱く、風雨によって動揺するなど、また計算装置の不具合もあったため、陸軍はいっそ新たに製作した方が良いと判断したものだろう。

基本的には九三式の不備を修正し、四個のラッパ管を大きく二重に強くした。聴音機の音波測定は、音量の増大によって音源の距離を短縮した状態で音を聞くことになり、したがって音量の増大はラッパの口径に比例するものであるため、ラッパ口径を大にすればそれだけ距離を短縮した状態にできるわけだが、いたずらに音量のみを増大することが聴音機の性能を高度化するものではなく、雑音の除去、音質の良否、指向性の適否などを考えなければならず、大体音量の増大は約三〇倍にするのが限度であった。また音波の到達方向いかんに関せず、聴音状態の良好なものが指向性にも良いといえる。

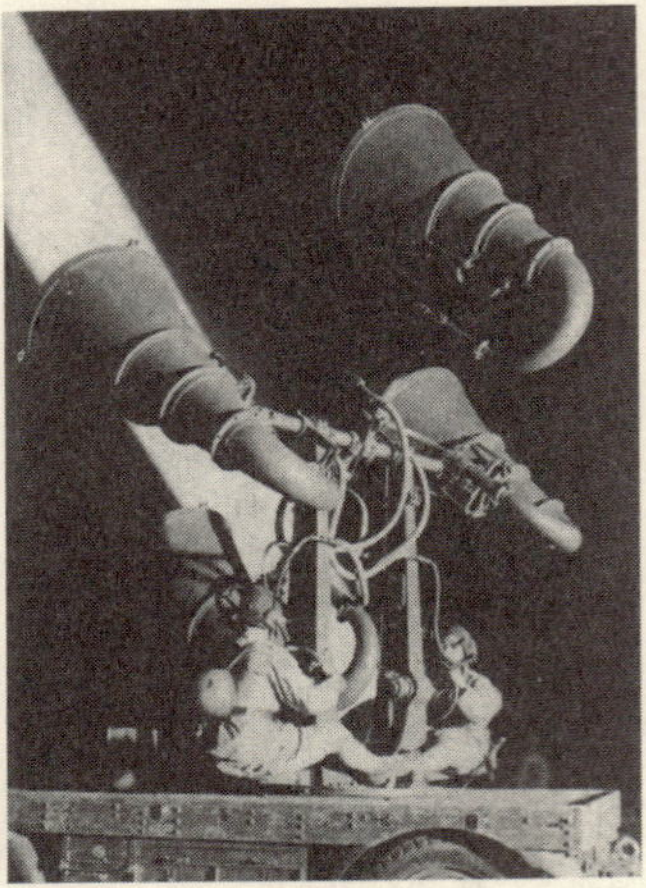
九五式大聴音機

が異なると聴音に良否が生ずるため、ラッパの形状が重大な要素であり、音波到達の方向い

九五式大聴音機の開発にあたり参考とされたのは、アメリカのスペリー型とチェコスロバキアのハルラスプラッタ型で、九三式と同様に野外機動性を持つ自動車牽引方式が採用された。

この被牽引車はゴムタイヤ付きで、発電車がこれを牽引し、移動中でも聴測手は台車に乗ったまま操作することができた。

聴音機は高射砲隊、照空燈隊と同一行動を行なうのが常だが、これの編成は指揮官車、連絡用オートバイ、聴音機を牽引する発電車、それと離隔操縦機をのせた九四式六輪トラック、兵員用六輪トラックと続き、部隊の大小によって車両数が増減されていた。

●捕獲聴音機

昭和十二年からの日華事変、ノモンハン事件、太平洋戦争などの外地での戦闘に聴音機は出動することは少なかったが、中国戦線では中国軍の飛行場を攻略し、そこに配備されていた中国空軍の聴音機を捕獲した。

この聴音機は当時ドイツが使用していた聴音機と同型で、優秀なものであった。陸軍はこれを手に入れ、参考のため内地に送付した。陸軍技術本部は参考にするつもりだったが、太平洋戦争に突入すると急に防空兵器が必要となり、日本海側の諸島嶼に米軍機飛来の察知聴音機として、これを配備活用した。

昭和十七年、日本軍はシンガポールを攻略するためマレー半島に上陸した。マレー半島を守るイギリス軍は日本軍を迎え撃つため兵力を増強し、対戦車砲ばかりか日本軍の飛行機を察知するため防空部隊を配置していた。

マレー戦線は激戦をきわめたが、日本軍の攻撃に敵せず、この防空部隊からイギリス軍の聴音機を捕獲し、さらにシンガポールに進撃して同市街や各飛行場の防備にあたっていたイギリス軍の各種火砲と共に最新の聴音機も手に入れた。これらの英軍聴音機はほとんど無キズ状態だったため、同市街を復旧させた日本軍の防空用にそのまま使用された。

一方、フィリピンを攻略した日本軍は、マニラ市街やコレヒドール島戦でアメリカ軍の防空兵器スペリー式聴音機を捕獲入手し、これをそのまま占領した地域の防空用に、また日本軍が占領して整備活用した敵の飛行場に聴音機を配置した。

新レーダーと超高射砲

●ドイツで開発されたレーダーと十五高との夢の防空プラン

B－29を迎え撃つ

昭和十六年末、日本は太平洋戦争に突入したが、南方作戦が重要視されており、国内の防空にはまだ無関心であった。しかし、翌十七年四月、米陸軍機B－25が空母より発進して日本本土を空襲するという事態になって、初めて本土の防空にも目を向けることになった。艦載機に対して陸軍は要地防空用として、九九式高射砲を配置し、口径の大きな三式十二センチ高射砲を製作したが、米国ではさらにB－29という大型爆撃機ができたという情報が日本へ入ってきた。

この飛行機は一万メートル以上の高高度を飛び、その上速度および航続距離が大きいので、米国勢力下にある南方諸島から日本へ飛行できるのも簡単であり、これで本土を爆撃されることを覚悟しなければならぬと軍部は色めき立った。

これに対して、どういう処置をとるか、または戦闘機で迎え撃つかなどが上層部で検討されたが、その頃の日本機は一万メートル以上を飛んで、自由に作戦行動を行なうことは考えられない問題で、常識としては五〇〇〇〜六〇〇〇メートルという場所が日本の飛行機の最高上昇点とされていた。

そこで兵器行政本部では、何回も検討を重ねた結果、地上兵器である高射砲でB－29を撃破するのが最上であるという結論に達した。

B－29の飛行高度を調査したところ、一万メートルから一万五〇〇〇メートルを飛行するというのが判明した。

しかし、陸軍の十二センチ高射砲でも弾丸到達高度が不充分であり、やっと一万メートルに達するかしないかという状態であったから、B－29を撃墜する威力など望めなかったのである。

もちろん、B－29は日本の高射砲の着弾距離よりも高い位置を飛ぶように設計されており、日本本土への爆撃を計画していた。

ではどのような高射砲を作れば、二万メートルの高度に達するかを坂口楯雄中佐が計算してみると、口径一五センチ、弾の重さ約五〇キログラム、これを初速九三〇メートルで撃ち上げれば大体二万メートルに達するであろうということがわかった。

すでに三式十二センチ高射砲を開発した経験があり、それを拡大して研究、調査した結果、十五センチ高射砲はできるという確信がもてたのである。

火砲の設計に着手したのが昭和十八年の十二月、それと同時に弾薬、射撃および照準具も同時に完成しなければならず、一応全部の完成目標は昭和二十年四月と目安をつけて発足した。

十五センチ高射砲は十二センチ高射砲で手腕を買われた黒山技術中佐があたり、設計図は陸軍の設計技手・落合徳太郎が担当することになり、十九年四月に起案設計図が完成した。

火砲は大阪造兵廠と日本製鋼所の二ヵ所へ発注された。大阪造兵廠で完成した最初の一門は射撃試験をすることになったが、通常火砲試験所である伊良湖試験所ではできず、浜松の海岸をもちいて行なった。

十五センチ高射砲

射撃試験は上々で、最初坂口少佐が計算した数値通り、初速九三〇メートル、最高射高度二万メートルと計画通りの成績であった。高射砲陣地は東京西南部の久我山ときまり、ただちに基礎工事にかかった。

続いて日本製鋼所で作った同型の二号砲も浜松の射撃場へ送られ、そこで竣工試験を行なったところ、これも機能良好で、すぐ東京の久我山高射砲陣地へ送付して組み立てられた。

十二センチ高射砲までは人力で弾丸の装塡などが辛うじてできたが、十五センチ高射砲は人力では不可能で、すべて油圧をもちいて操作を行なった。

高射砲の据付は、地面を二メートル五〇センチ掘り、そこに円筒型のコンクリート砲床を作る。砲架の大部分はこの中に入り、砲身軸（水平時）が約一メートルほど地上に出るが、これを厚さ六ミリの装甲板でおおい防弾の役目をさせる。

方向や高低の照準は十二センチ高射砲と同一様式を採用し、電気操作で行なわれ、電源はこの火砲専用の発電機を備えて供給した。

高射砲の弾薬は四式高射尖鋭弾で、二式機械信管がつき、重さ約八〇キログラムで一六四センチの長さであった。

弾の装塡は砲側の装塡準備台上に四発のせ、この台の横にある装塡板の上にころがす。するとこの板が釣瓶式に砲尾まで弾丸の重さで下がり、ここで装弾臂に移り、自動的に砲に装塡される構造である。弾薬装塡は重さがあり、装塡手二名で行なう。

そのため、最大射角八五度までどんな角度でも機械的に操作装塡が可能であり、発射速度は一発六秒～八秒であった。

高射砲の射撃は、見えない飛行機を捕捉しその位置を確認するため、通常では照空灯や聴音機などの観測器材を持つ部隊との協同戦闘が必要である。

また砲にデータを伝達する高射算定具などもあり、大陸での緊急野戦はともかく、要地高射砲が単独で砲撃することはあり得ないことである。

新型レーダーの導入

我が国は終戦時まで聴音機や照空灯を使用したが、各国はレーダーを主体に防空管制をととのえてヨーロッパ戦線で使用したのはよく知られている。

この十五センチ高射砲の観測器材としては試作された四式高射砲算定具や、二式六メートル基線測高機もちいられたが、これに付属するものとして、ドイツから導入したウルツブルグレーダーが存在した。

日本でのウルツブルグレーダーの調査は、昭和十六年一月、山下奉文中将がドイツの進歩した兵器を調査する軍事視察団を率いてドイツを訪問したことから始まる。

陸軍に続いて海軍もドイツへ調査団を送り、陸海軍共同でドイツより日本へのウルツブルグの譲渡を交渉したが、これはドイツ空軍の所管であり、総司令官ゲーリング元帥から「ウルツブルグは国家の最高機密兵器のため、イタリアから再三の依頼があったが断わったもので、ご了承願いたい」と丁重に断わられた。

しかし、この時日本はまだ米英との戦争状態ではなく、その後日本の参戦を強く期待していたヒトラー総統は、昭和十六年十二月、日本がパールハーバー攻撃を機に参戦した報をきき、〝天皇陛下に献納する〟として、日本へウルツブルグレーダーの譲渡を命令した。

そしてテレフンケン社にウルツブルグレーダーの詳細な製造図面と兵器見本の作成を命じ、それだけでは緊急生産はできないので、日本人の技術者を教育するから適任者の要請を連絡してきた。

ドイツは機密漏洩を完全に防ぐため、これらの技術支援に関する人と、すべて機器の輸送を潜水艦でやってほしいと要求してきたので、当初イ三〇号潜水艦でドイツに回航、ウルツブルグの図面と器材を積んできたが、シンガポール沖で機雷にふれ、せっかく持参したウルツブルグは兵器、図面共に水没してしまった。

日本はやや身勝手な要望だったが、再びドイツに対しウルツブルグ図面と機器を依頼、さらにウルツブルグの技術に精通した技術者の派遣をお願いした。

これに対しヒトラー総統は大島浩駐独大使から提出された要望書を満たすように命じ、在独日本軍人と機器、図面をブレスト軍港より送ることを約束し、イタリア潜水艦をもちいてドイツ潜水艦が護衛し、難航の末シンガポールに入港、後は飛行機により日本へ輸送されたのである。

急がれた国産化

機器と図面は同行した佐竹金次中佐とテレフンケン社のフォダス技師が持参した。

ドイツから技術導入されたウルツブルグレーダーとはどんな電波兵器なのか、その概要を述べよう。

ウルツブルグレーダーはテレフンケン社が昭和十三年に兵器原型を完成したが、戦場での

ウルツブルグレーダー

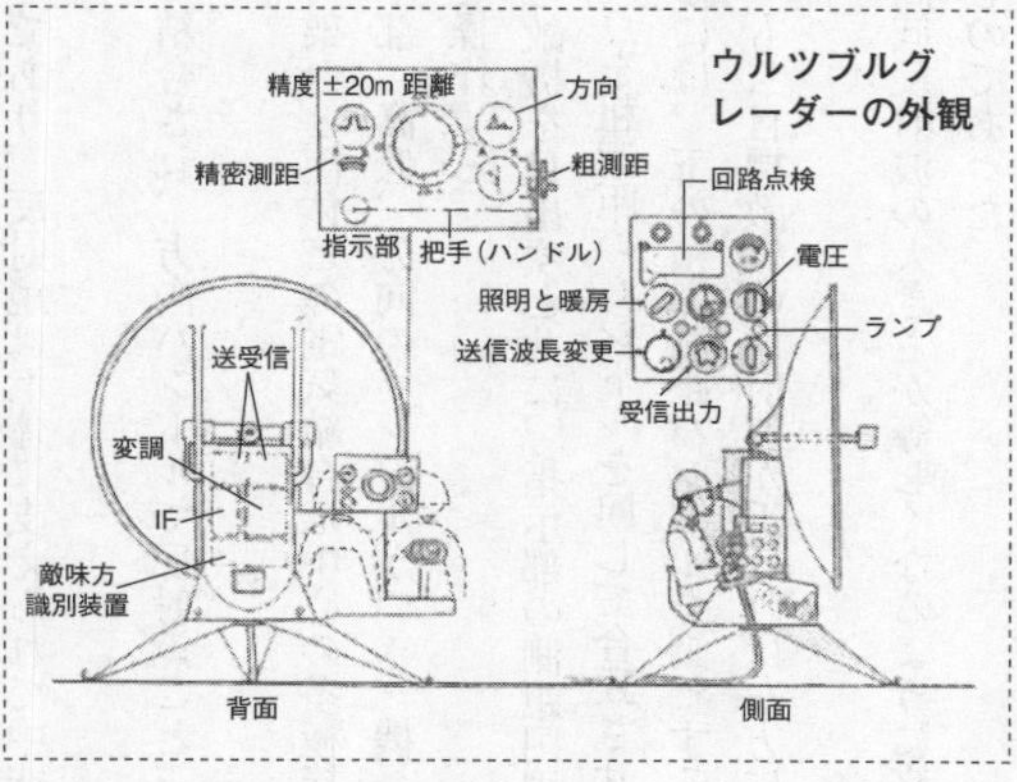

苛酷な要求を入れて逐次改良が行なわれ、光学兵器の追従を許さぬ高性能となったのは、昭和十五年の中期である。

ウルツブルグの構造は、中央に直径三メートルの反射鏡（パラボラアンテナ）を設置し、焦点はプラス・マイナス三度の偏心

指向性で毎秒二五回転する仕組みであり、反射鏡は筐体に支えられて中空軸を中心とし、俯仰回転を高低ハンドルで行なう。

筐体は架台と大きなボール軸で結合され、方向ハンドルで反射鏡ごと三六〇度軽く回転する。

架体は大地に固定して置かれ、架台と筐体との電気結合は中心の多極接触子で行なわれた。筐体の横に出た操作盤には指示部、高低、方向のハンドルがつき、機長はアンテナの横から敵機を視察しながらレーダーを操作する。

機長は肉眼で敵味方機の中から敵機を見出すと共に、指示部の測距円周走査CRT（ブラウン管）に映る図と敵反射波の黒点を粗測距のハンドルを回して合致させる。精密に反射波と黒点を合わせるには、下の精密測距ハンドルを調整する。これが合致すると目盛に正確な距離が現われる。もし目標敵機の反射波が近ければ左方に、遠ければ右方にずれた画像となる。

敵目標高低も、ブラウン管の高低反射波の大きさが等しくなるように高低ハンドルを回転させて確実な距離を得るというものであった。

昭和十九年四月一日、ドイツから導入したウルツブルグレーダーの図を国産化に修正してレーダーの開発が開始された。その試作機の完成は、今年末を目標とし、調整検査の改修完了は来年末、電波兵器の実験完了は五月末と決められた。

また、標定機架台と高射砲架台を官給（実際は高射機関砲架台）、反射鏡は東洋工業、ブラウン管は東芝が、ドイツ式電子管は日本無線がそれぞれ担当した。そしてウルツブルグの試作機は今年末までぜひとも完成させよとの命令が出された。

はじめての実戦参加

ウルツブルグレーダーの試作一号機は予定通り十九年末に完成し、三鷹の実験場でこのテストを行なった結果、予想した性能が発揮できなかったため、調整を行なうこととし、とりあえずレーダーを久我山の高射砲陣地へ運んで装備することになった。

十五センチ高射砲はすべて油圧操作で行なっており、発射時の爆風や音がものすごく強烈で操作する将兵はすべて地下に潜って作業を行なうため、それゆえ超高射砲はウルツブルグの電波の眼がなければ敵機をとらえ、撃墜することができなかった。

十五センチ高射砲部隊の編成は、高射第一師団の百十二連隊第一大隊第一中隊が任命され、その主任務は、首都の防空と特に皇居を掩護するという大任務が与えられていた。

その編成は、十五高二門、七高六門、機関砲四門で、兵員は中隊長をふくむ将兵二四五名で、他に五〇名が教育中であった。

装備された超高射砲の口径は一五センだが、砲身長は一〇メートルもある巨大砲で、弾丸は高度二万メートルで破裂すると、二〇〇メートル四方の敵機を撃ち落とせる威力があった

ウルツブルグレーダーと15センチ高射砲

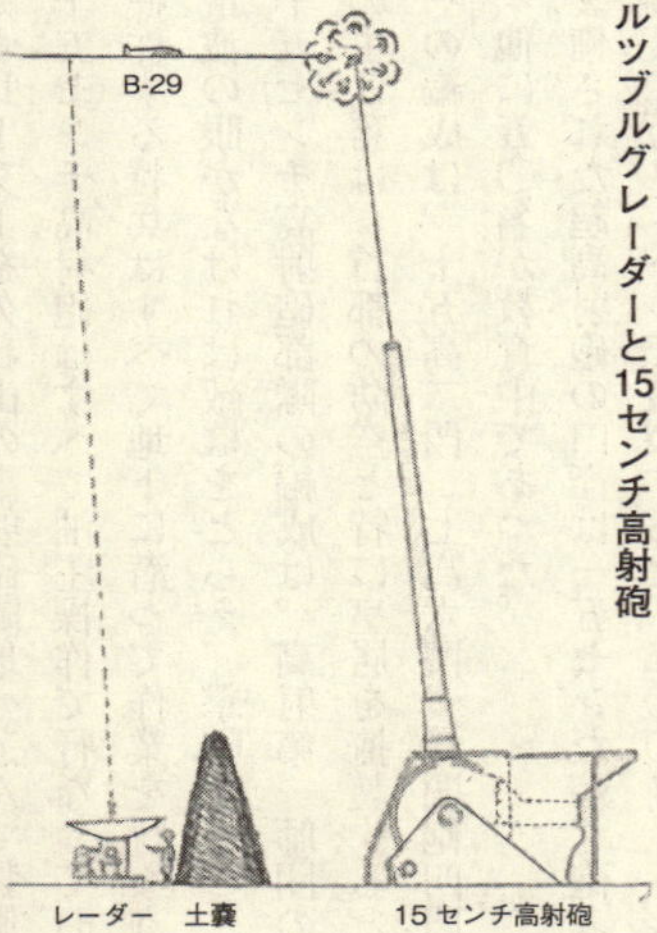

という。

十五高の照準は、砲に合わせて計画試作された試製四式高射算定具で、その原理は我が国独得の算式による九〇式、二式の各高射算定具の流れを汲むもので、完成品は直ちに久我山陣地に設置され、試製二式六メートル基線測高機と共に十五高用として装備された。

十五高の射撃法は、昼間は眼鏡による算定具の計算による算定具射撃で、高射砲の弾道癖や上空の風向、風速などのデータを把握し、夜間はウルツブルグから伝送してくる敵機の方向、速度などを気象データと合わせて修正し、最適のタイミングで発射するよう心がけていた。

また超高射砲の射撃の強烈な爆風によって電波標定のウルツブルグが傷まないように、両者の間に高さ五メートルあまり、長さ一〇〇メートルの防壁土塁を作っていた。しかし、十五高の射撃時の爆風こそ減ったが、地鳴り振動と発射音は軽減できなかったという。

戦後、当時高射砲の電波標定中隊長であった日本無線の高橋倫三次長がその個所を訪れた時、土地の人は「この高射砲はB－29をよく撃墜し日本一だといわれていたが、ある日突然物すごい地鳴りと振動する射撃音が聞こえ出した。多摩川近くの親類も驚いたくらいで、発射音は一里四方にひびいたらしい。それほど超重高射砲の発射音は凄かった」と回想して話したという。

十五センチ高射砲の実射は、昼間行なわれた。敵機三〇機発見の報により、砲は算定具のメーターにより、高度八一〇〇、航路用三五〇〇、射角二〇だったが、残念ながら雲が多く電探射撃は不可能であった。では目視による射撃しかない。

ついにB－29が晴れ間に姿を現わした。「照準よし」の声と同時に「発射、撃て」の号令でズシーンと腹にひびくような発射音がした。中隊長の「撃破」の声で上空を見ると、B－29二機が白煙を吹きながら雲間に消えていった。十五高は全弾五〇発しかなかったが、点検射と初めての戦闘を合わせて一〇発射耗しただけである。残り四〇発は東京湾要所に射撃点を設けて米艦に対する間接射撃も計画されていたらしい。十五高の水平射程は久我山～横浜間二五キロメートルであった。

秘密兵器「銃鎧」

●鈍重でグロテスクな容姿に秘められた知られざる能力

「爆弾三勇士」の悲劇

日本陸軍の戦闘工兵向けに開発された、知られざる秘密兵器「銃鎧《じゅうがい》」――「銃鎧」とは読んで字のごとく、銃手のまとうよろいのことである。

この兵器は日中戦争初期、日本陸軍が敵弾下の接敵や、鉄条網などの障害物を排除、また破壊するときに、敵の小火器から身をまもる移動用防楯《ぼうじゅん》として考案したものだ。

これによって〝爆弾三勇士〟のような犠牲をなくそうという考えであった。結局、車両の少ない実戦部隊での移動や、用兵上の問題などから制式採用にはならなかったものの、一部は太平洋戦争時に南方島嶼に送られ、米軍との実戦場に投入されたという。

まず、防楯の研究とその出現について述べてみよう。戦闘装備には重要な三つの要素がある。第一に攻撃性、第二に運動性、第三は防護力である。日本の兵器開発には、このうち攻撃性と運動性を主にしたものはあるが、各国と比較しても第三の防護性はあまり重視せず、かえって軽視されていたように思う。

防楯は、戦場の前面に立てて敵弾を防ぐのを目的に用いられ、主に火砲の砲架に付属しているのが多いが、第一次大戦ごろからイタリアやフランスの兵器には軽装甲板を利用して、敵に肉薄攻撃を行なうなどの応用性があり、個人の防護用にも利用され、各国の注目するところとなった。

そして、その必要性から実戦では、小銃弾や砲弾の破片などに抵抗しうる防楯が作られ、各種のものが戦場に登場した。

日本でも日露戦争時に、この種の防楯を考えて戦場に投入、使用しているが、これはあくまでも陣地戦にのみ用いたにすぎない。

第一次大戦後、日本もこの防楯兵器に目をむけ、装甲板に特殊鋼を使って防楯と、個人用の防弾具をかね合わせたものを作った。

ここで、さきに記した〝爆弾三勇士〟について、かんたんにふれておこう。

昭和七年の第一次上海事変で中国軍と戦火をまじえた日本軍は、その年の三月、廟行鎮《びょうこうちん》の戦闘で、進出する日本軍を食いとめようと、中国軍はクリークを利用して堅固を防備をほどこし、縦深四メートルの長い鉄条網を張りめぐらし、その背後にがんじょうな掩体と塹壕を作っていた。これを守るのは蔣介石軍配下の精鋭で知られる第十九路軍の主力であった。

日本軍は戦略上どうしても廟行鎮をはやく占領して、中央部隊と合流しなければならず、工兵に命じてこの防御陣を破壊突破しようとこころみたがうまく行かず、結局、鉄条網破壊の決死隊を編成してこれにあたることになった。

鉄条網破壊班は三組に分かれ、それぞれ重い爆薬筒をかかえてこれにあたったが、敵の集中射撃に合い、いまはこれまでと爆薬筒に点火し、体ごと鉄条網に飛びこみ破壊し、戦死をとげたのである。

ここに突撃路はようやく開かれ、歩兵部隊の突入が可能となり、廟行鎮の堅陣を打ち破ることができた。このときの工兵三人は〝爆弾三勇士〟として護国の英雄になり、日本国民を感動させた戦場美談の一つとなったのである。

この戦闘時の工兵破壊班は、命を的とした決死隊ではなかったが、結果的にそうなってしまったわけである。

接敵行動用「銃鎧」

昭和十二年中ごろ、カメの子のような〝人間タンク〟というべき「試製銃鎧」が、陸軍技術本部によって開発されている。

これは先の上海戦線での爆弾三勇士のような犠牲をなくそうというのがそのねらいであり、工兵のように敵弾下の接敵行動、とくに歩兵のすすむ道や障害物の排除・破壊には命がいく

接敵用銃鎧から
銃をかまえる兵士の図

つあってもたりることはない。

そこでそのアイデアを実用化し、敵の火器から身を守り、かつ銃弾をあびても前進可能という「個人の移動用防楯・接敵銃鎧」が試作された。この研究と開発にあたったのは陸軍技術本部第一科長・銅金義一大佐とその研究グループだった。

接敵用の試製銃鎧は、移動式の〝装甲カメの子〟というような感じで、鋼板入り戦車帽をかぶった兵士が、背に負うように装帯で体につけ、一人または二人の工兵が一組となって、爆薬筒をひいて敵弾下をちかづき、鉄条網やトーチカなどを破壊するというものである。

写真のとおりカメの子銃鎧には、三色のカムフラージュがほどこされ、頭にあたる部分は盛り上がって頭がかくれるように形成されている。飛来する弾丸の中をジリジリとすすむ工兵にとって、完全な防弾具とはいわないまでも、この装甲銃鎧は心強いものであったろう。

このカメの子銃鎧の銃弾による射撃テストが、陸軍技術本部の手で行なわれた。その結果、小銃弾ではよほどの強装弾が直角に命中しないかぎり、曲面をもつ銃鎧の避弾率は良好だった。

ただ、このカメの子も正面には強いが、城壁などの上からの被弾には

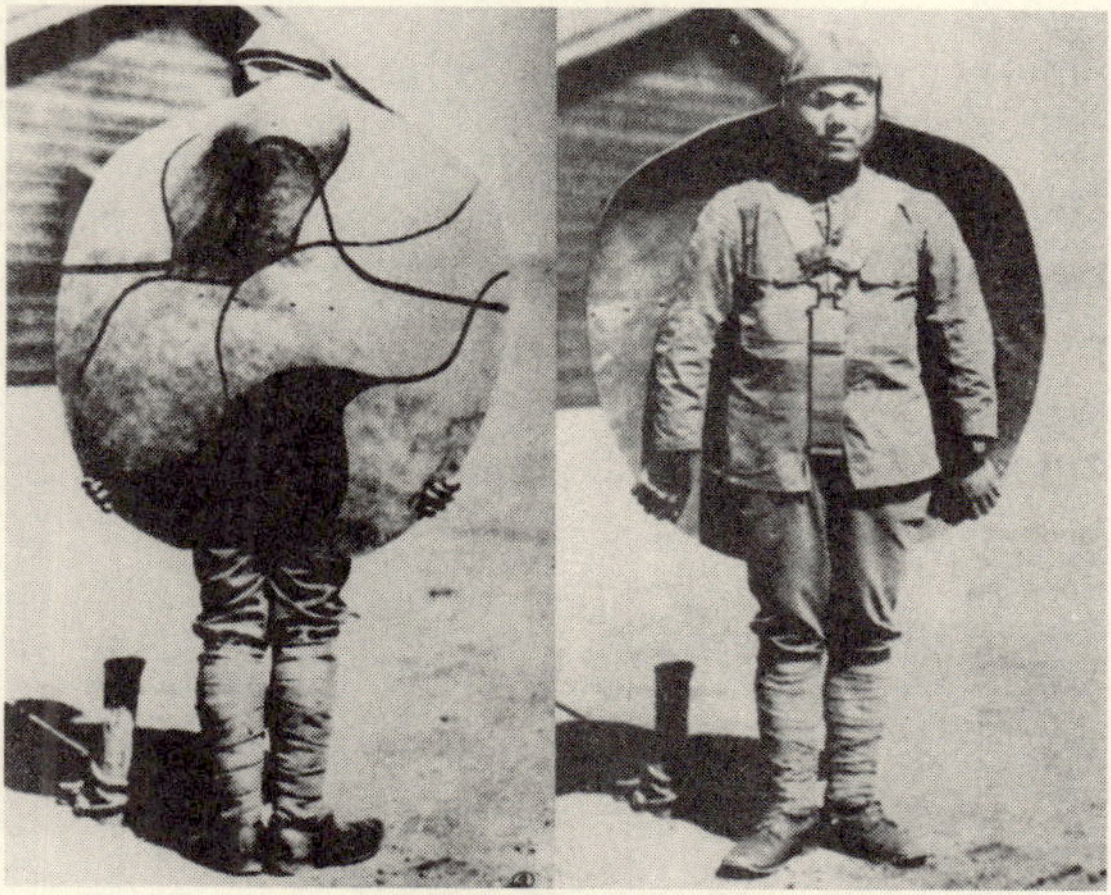

戦闘工兵の接敵用銃鎧

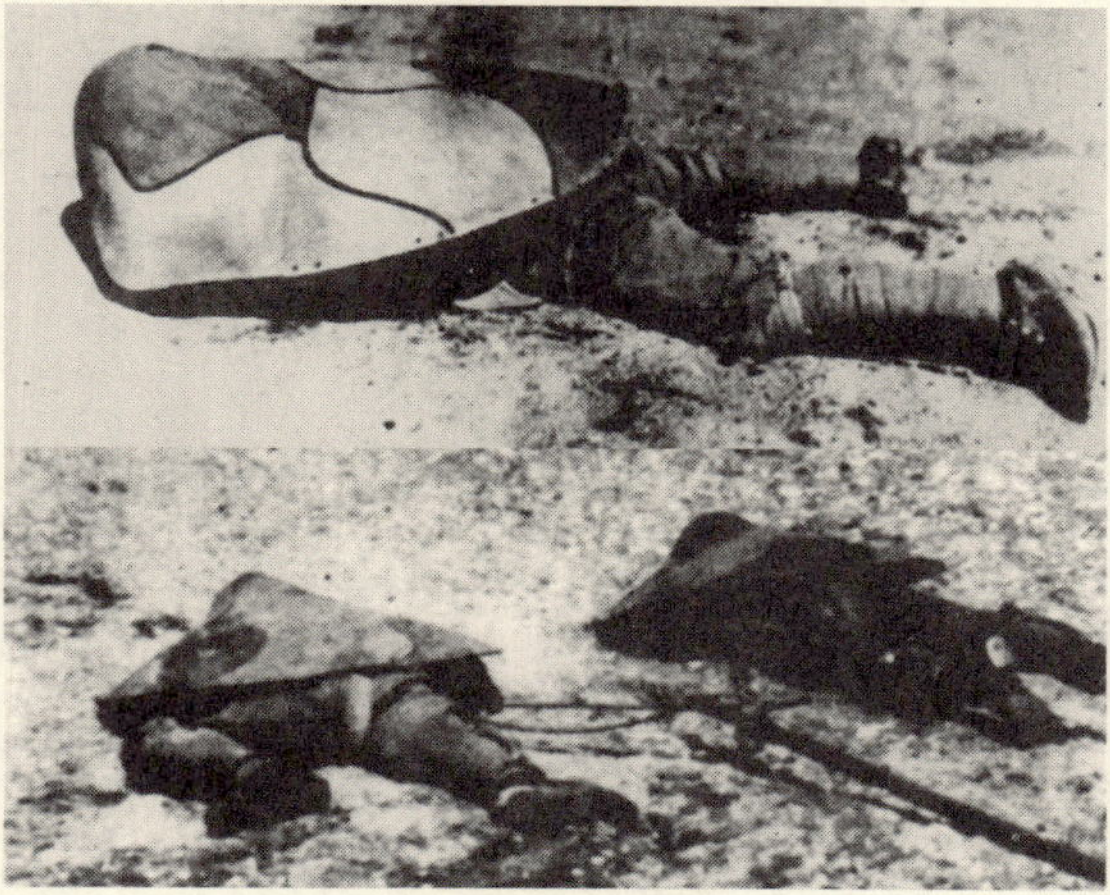

(上)接敵用銃鎧をつけての移動姿勢
(下)2人1組で爆薬筒をはこぶ工兵

弱く、これにはいくらかの貫通弾がみられたという。

この銃鎧は制式採用にならなかったものの、太平洋戦争中は南方の部隊へ投入され、戦争末期にサイパン島守備隊によって使用され、サイパン攻撃の米海兵隊に捕獲されている。米軍はこれをジャパニーズ・タートル・アーマー（装甲カメの子）と呼んでいたという。

●九三式転動防楯

カメの子式の銃鎧とはべつに、ボックス型になった攻撃用銃鎧も制作されている。これは前方に機関銃を装備し、敵陣地に接近して射撃を行なう形式で軽・重の二種があった。

このボックス型重鎧は、昭和八年に制式化された「九三式転動防楯」にヒントをえて開発されたものである。

九三式転動防楯は前方鋼板と側面鋼板からなり、正面は一枚、側面は二枚で三コの小車がつき、手で押しながら移動し、射撃と作業を行なうことができた。

防楯は正面鋼は六ミリ、側面は四ミリ厚の特殊鋼でかこい、高さ約七〇センチ、幅六五センチで、必要に応じて両側を展開したりして、防護正面を拡大できた。また十一年式軽機関銃用の防楯としても使用され、全備重量約三・五キロであった。

これらの発想は、昭和七年の第一次上海事変で、上海市街地域を守る海軍の特別陸戦隊の防護装備の不備をおぎなうため考え出されたものであるが、戦火がやがておさまり、九三式防楯はそのままお蔵入りの状態となったが、昭和十一年に意外な局面で、その価値をみとめられることとなった。

それは二・二六事件と呼ばれる、陸軍の青年将校による反乱事件が起こったさいで、この反乱で政府の重臣、高官らがおそわれ、新聞社、警視庁までが襲撃されるなど国中を大きくゆり動かした事件であった。

二・二六事件で使用された九三式転動防楯

東京市内には戒厳令がしかれ、反乱軍を包囲した鎮圧部隊は、各種防弾具と九三式転動防楯を使用した。このときの装備は主に三年式重機関銃と組み合わせるものであるが、鎮圧部隊といっても攻撃より、相手の射撃から身を守るため用いたものであろう。

この九三式転動防楯はそののち、上海の海軍陸戦隊に配備され、市街警備に使用されたほかは、戦術的にはあまり利用できなかった。また実際面では輸送がネックとなっていたようで、歩兵や工兵たちの近接戦闘時や、低姿勢で敵にちかづいての障害物の排除などのさいに利用度が大きかった。

攻撃用「銃鎧」の研究

攻撃用移動銃鎧の研究は、日中戦争のはじまった昭和十二年七月、『陸機密第九二号』により発足した。

その目的は、さきのカメの子銃鎧とおなじく、敵前での工兵作業を主体としたものだったが、ほかにも市街地域での利用など、戦場の小陣地を構成するのに格好の兵器と判断されたのだろう。研究はさきの九三式転動防楯の改良をねらってすすめられ、方針としてはつぎの三項目があげられた。

一、装備兵器は九六式軽機関銃とする。

二、単独兵が伏臥《ふくが》したまま、手足の動きによって徐々に運航できる構造および形状をもたせること。

三、射撃および突撃のため、ただちに飛び出すのに便利なように、かんたんに開閉できる構造を備えること。

これらの方針にもとづいて、第一陸軍技術研究所第一科がこれの研究を行なうことになり、九三式転動防楯をベースに第一次試作品が、昭和十四年三月に完成した。

形状は箱型で、前・上方側面とも防弾鋼板にてかこみ、前方に銃眼を設けて九六式軽機関銃を装備し、また中央の蝶番を開いて側面に張り出してもよく、一種の簡易トーチカとしても使用可能なものであった。

車輪は前方に二コの大型車輪を、後方に二コの小型車輪をつけ、当初は軽銃鎧と重銃鎧の二種が作られた。形はほぼおなじだが、ちがうところは、軽銃鎧が人体に合わせたように背部分がすこし凹み、重量一〇五キロ、重銃鎧は背はフラットの形状で重量一四〇キロであったことである。

銃鎧の運行は、前方についた大型車輪を通した凸型のシャフトを、手で回転させてすすむ方法で、内部の兵士は腹ばいか、ひじとひざですすむ方法をとった。そのため背が凹んだ軽銃鎧は腹ばいでしかすすめず、これはのちに改善されることになる。

また防弾性も研究されたが、重量軽減のため性能が落ち、あらためて装甲板を強化するよう検討された。

また銃鎧の側面には左右三コずつ、計六コの軽機関銃用弾倉を収めるように作られていて、さらに車輪をとりはずしてカメの子銃鎧とおなじように、兵士が肩や手で押してすすむこともできた。

そのため、銃鎧を使用する兵士は鋼板入りの戦車帽と、ひじとひざには革製のあて具をつけたスタイルであった。後方移動は、後部につけた移動用の帯を肩にかけてひき、移動するしくみであった。

この軽銃鎧は普通弾、重銃鎧は徹甲弾にたえられるよう作られていたが、射撃テストでは

前方より見た移動銃鎧

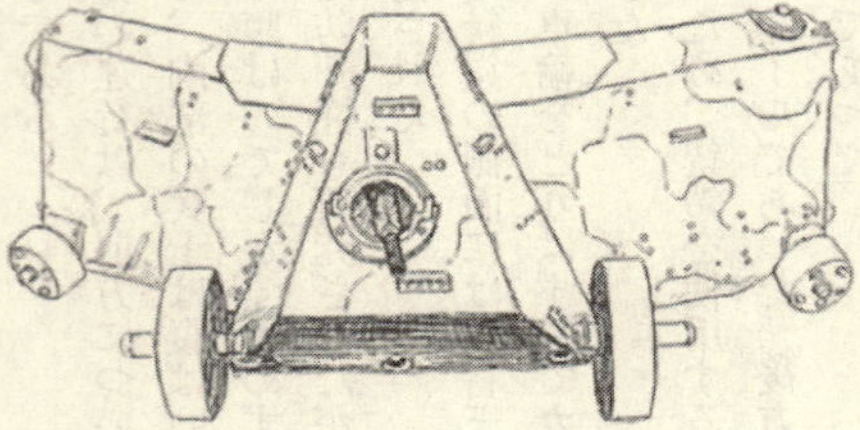

後方より見た移動銃鎧の内部構造

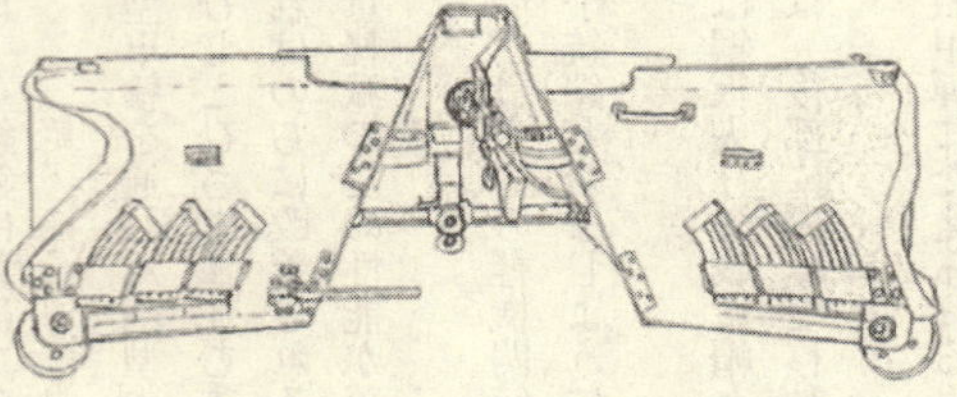

正面は装甲厚さ一二ミリの斜面であるため、また側板には射弾がすべってくれるが、前面および左右に開いた後方側板には半分以上の射弾が貫通し、実戦時の使用があやぶまれた。

これの改良は昭和十四年六月、試験結果をもとにはじめられ、翌十五年十一月に改良銃鎧が完成した。

改良点はやはり防御面の重視であった。装甲板を強化したため重量は、軽銃鎧が一二二キロ、重銃鎧では一五三キロと増加している。

またこれの移動はシャフト中心に操縦桿がついて、それを前後にくり動かして車輪を移動することができた。この軽・重両銃鎧とも第一線の突撃器材として開発されたため、前方装甲強化により、重心が前方にいくらか片よることから、平坦な地面では自由に移動し、側板

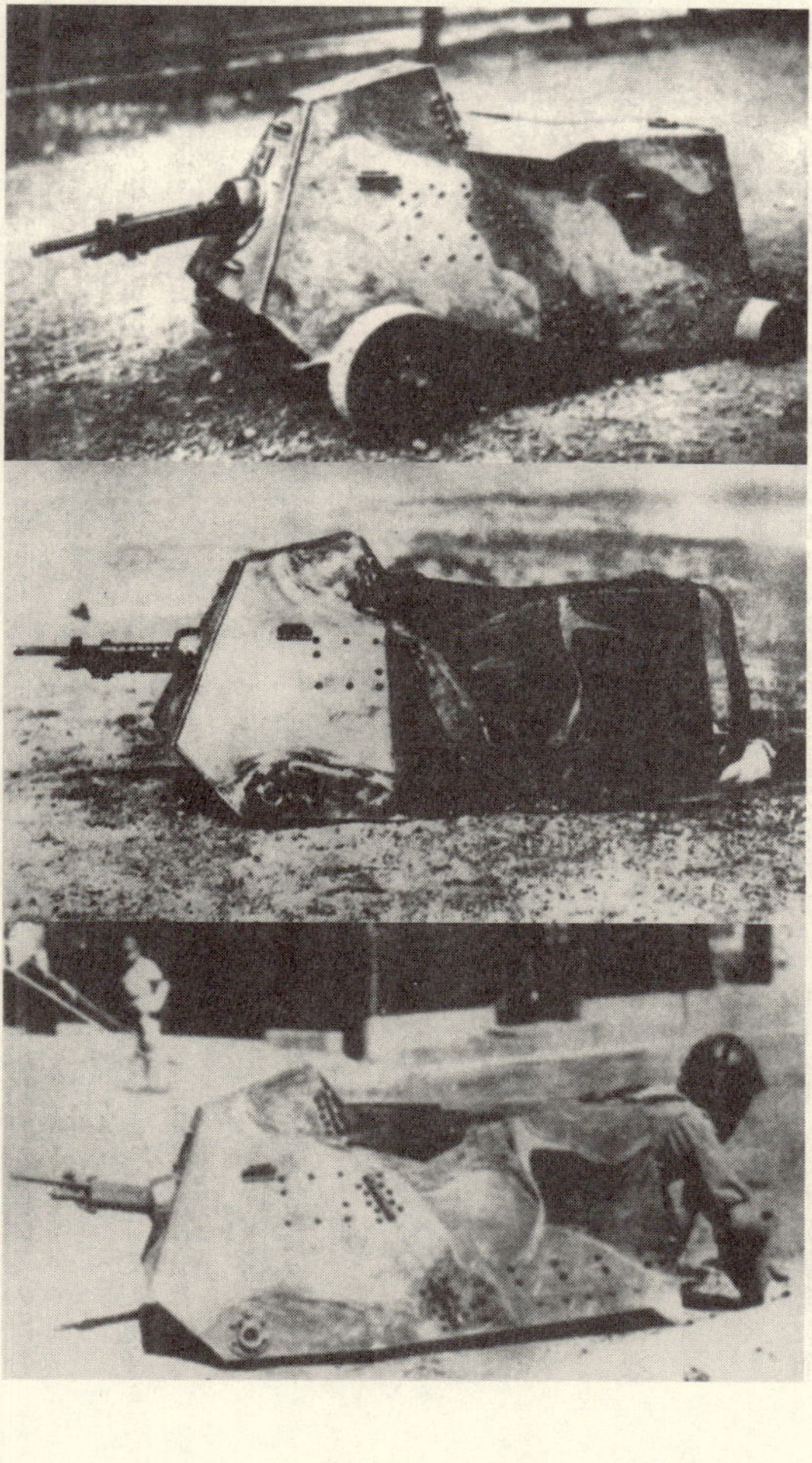

(上)九六式機関銃をとりつけた移動銃鎧
(中)車輪をはずして固定式にした場合の移動銃鎧
(下)銃鎧の帯を肩にして人力で後方へ移動する様子

も防楯として展開できるものの、地面の軟弱地域や、不整地移動では小障害をこえるのはむりであり、これらの問題を再度検討することになった。

そして、車輪の重量軽減や走行抵抗、操作上の難点などを研究したが、ときはすでに太平洋戦争半ばになっており、人間タンクというべき画期的なこのアイデア兵器も、昭和十八年五月をもって研究を中止することになったのである。

そして、そのかわりに、この銃鎧をもっと大型化した大型移動防楯も作られた。

その発想は、移動式というよりも、米軍に押されぎみであった南方島嶼戦での固定防楯としての意味あいもあり、形式は前面を広くとり、中央に軽機関銃および重機関銃を備えつけ、側面にも開閉できる視察穴がついていた。

これは一応テスト的に作られたが、南方戦場までの進出は輸送面の悪化とともにむりと思われ、以後の研究はそのままにされた。

そして戦況悪化とともに、本土決戦用防楯として検討されたが、それもいつしか中止になってしまった。

そのほか、日本陸軍が開発した防楯や、防弾具は各種あるが、銃鎧のような兵器でなく、個人用の小型防楯や、将校や警備兵を守る身体防護の防弾チョッキもあり、これは実際に戦場で使用されている。